抗压才能减压，积极才能成长

——做一个阳光心态员工

程平安・著

中国财富出版社

图书在版编目（CIP）数据

抗压才能减压，积极才能成长：做一个阳光心态员工/程平安著.—北京：中国财富出版社，2016.5

ISBN 978－7－5047－6097－5

Ⅰ.①抗…　Ⅱ.①程…　Ⅲ.①成功心理—通俗读物　Ⅳ.①B848.4－49

中国版本图书馆 CIP 数据核字（2016）第 071216 号

策划编辑　姜莉君　　**责任编辑**　姜莉君

责任印制　方朋远　　**责任校对**　杨小静　　**责任发行**　邢有涛

出版发行　中国财富出版社

社　　址　北京市丰台区南四环西路 188 号 5 区 20 楼　　**邮政编码**　100070

电　　话　010－52227568（发行部）　　010－52227588 转 307（总编室）

010－68589540（读者服务部）　　010－52227588 转 305（质检部）

网　　址　http：//www.cfpress.com.cn

经　　销　新华书店

印　　刷　北京京都六环印刷厂

书　　号　ISBN 978－7－5047－6097－5/B·0492

开　　本　710mm×1000mm　1/16　　**版　　次**　2016 年 5 月第 1 版

印　　张　15　　**印　　次**　2016 年 5 月第 1 次印刷

字　　数　230 千字　　**定　　价**　38.00 元

推荐序

心态决定状态，动力影响效力。在工作中，我们以什么样的姿态呈现，就会获得相应的结果。成功者在感到烦恼时，不会放纵自己不快的情绪，而是会积极地去扭转他们所处的局面。因为他们明白，能不能过得愉快顺心，全靠自己。消极的心态则刚好与积极的心态相反，它是人类致命的弱点。如果不能克服这一致命的弱点，将失去希望，随之而来的是悲伤、寂寞、烦躁、颓废、痛苦……甚至是世界的毁灭。

所以，我们要想取得工作业绩，就要带着十足的精气神儿投入到工作中去。这样，才能使平凡的工作焕发光彩，才能让平凡的人生充满无限乐趣。

这正是我在程平安老师的这本著作中读到的本质性的东西。他告诉我们：每一个在职场打拼的人，良好的心态是比其他因素都更为重要的因素。没有好心态就没有创造力，没有创造力就难以取得更高的成就。只有带着积极、乐观的心态去做事，才能使平凡的工作焕发光彩。

然而，我却常常发现，职场中的很多人容易被情绪绑架，在遇到不开心的事情的时候，他们就会觉得所有的忧愁和压力都席卷而来，降落在自己身上。实际上，上帝给了我们每个人生存的本领，我们若进行一定的自我调整，让自己远离忧愁和压力，是能够让自己成为情绪的主人的。

要知道，一个强健而又充满活力的人总是会想办法创造条件，以实现心中的愿望。只有当一个人拥有愿望及目标时，他才会主动去推动事情的发生和发展。这样，他的心态永远积极，他对需要的东西总是付出很多的热情，他得到自己想要的东西的可能性也就越大。就像是机器需要燃料才能运转自如一样，积极乐观是人内在的动力。

因此，当我看了本书之后，顿时感觉它是一本指导职场人的非常好的“教材”，里面的内容正是现代职场人士所应该了解和掌握的。它就好比一盏亮闪闪的明灯，指引我们应该前进的方向，帮助年轻的职场人树立好的心态，拥有好的状态，积极、快乐地投入到工作中去，最大化地获取职场成就。

北京德诚定业文化产业发展有限公司董事长　虞新学

2016 年 1 月

自　序

精英是这样炼成的

当你整理好心情准备翻开书页时，请先随我们来做个小游戏。

首先，我们依据字母表，依次赋予每个英文字母 1 ~ 26 分的不同分值，然后写下我们所认为的“职场中最重要的东西”，计算一下它们的得分。

相信有多数人认为“知识”（Knowledge）是很重要的，K + N + O + W + L + E + D + G + E = 11 + 14 + 15 + 23 + 12 + 5 + 4 + 7 + 5 = 96；

当然，“领导力”（Leadership）也很重要，L + E + A + D + E + R + S + H + I + P = 12 + 5 + 1 + 4 + 5 + 18 + 19 + 8 + 9 + 16 = 97；

那么，“努力工作”（Hardwork）是否更重要？H + A + R + D + W + O + R + K = 8 + 1 + 18 + 4 + 23 + 15 + 18 + 11 = 98；

那么，“抗逆力”（Resilience）是否最重要呢？R + E + S + I + L + I + E + N + C + E = 18 + 5 + 19 + 9 + 12 + 9 + 5 + 14 + 3 + 5 = 99；

那么，还有没有最重要的能使工作变成圆满 100 分的东西？

答案是肯定的：有。它就是“心态”（Attitude）：A + T + T + I + T + U + D + E = 1 + 20 + 20 + 9 + 20 + 21 + 4 + 5 = 100。

虽然上面的小游戏带有很大的巧合性，也没有任何科学依据，但不可否认的是，“抗逆力”和“心态”在一个人的职场发展道路上起到的作用确确实实至关重要。我本人在一家世界 500 强企业工作了 14 年，相处过的同事与下属接近 200 人，通过 10 年以上的长期观察后发现：最终在企业里或自己创业中发展比较成功的都是抗压性强和心态积极的员工。

不用问，每一个职场人都期待自己成为成功人士，好让自己感受成功的荣耀，体验生命的价值，享受做人的尊严。然而，如今的职场竞争激烈，每个人都压力重重，想要胜出谈何容易！于是，怎么扛住压力，怎么让自己拥有积极的心态，让自己快乐而高效地工作，进入精英的行列，成了很多人追寻的职场愿景。

我发现，聪明的人会调整自己的情绪，让工作节奏有快有慢，从而进一步感受工作带给自己的快乐和满足。相应的，那些没能及时调整自己的情绪，任由负面情绪滋生的职场人士，也只好继续被痛苦包围，终难感受工作的快乐和意义。

由此可以说，虽然工作的压力无孔不入，但转换压力的心态却因人而异。对此，苏联著名作家高尔基曾经说过："在现实生活中，也许选择什么样的工作有时候身不由己，但是我们却可以通过改变心态来面对挑战。"

事实上也的确如此，世界上没有不好的工作，让我们对工作产生不满的是不平衡的心态。因此，能否扛住压力，能否积极工作的关键取决于我们的心态。只要我们放弃抱怨，用乐观的心态来面对当前的工作，那么，我们就会从这种积极转变中实现我们的愿望。

实事求是地说，不可能人人都适合做老板，而成为一个有着阳光心态的员工同样可以工作、生活两方面都快快乐乐、平衡发展。这其中的秘诀不是能力，不是专业，也不是你工作的年限，而是你的心态。

基于此，我特别撰写了这本有助于大家拥有阳光心态的《抗压才能减压，积极才能成长》。无论你对目前的工作是不是满意，也不管你是想把工作做得更好还是想开拓一份新的事业，本书都可以帮你找到面对压力的方法和积极工作的动力，让你在工作中从容应对，积极成长，成为令自己满意、令别人敬佩的职场精英！

程平安

2016 年 1 月

目　录

CONTENTS

修正篇

成功篇

修正篇

第一章　摆正心态干工作

——放逐“负能量”，把工作当成事业来追求

第二章　培养抗挫力，拒做“职场婴儿”

——直面逆境，承受住工作中的不如意

第一章　摆正心态干工作

——放逐“负能量”，把工作当成事业来追求

打工心态究竟害了谁

每天按部就班地工作，日复一日地忙碌，你的内心是否生出这样的疑问：工作的意义究竟是什么呢？是为老板打工，以换取养家糊口的薪水，还是为自己的职业生涯创造更多、更有价值的意义呢？

其实，这关系到一个思维理念的问题，或者说是一个工作态度的问题，它看似简单，而真正领悟到却很难。在很多人眼中，工作不过是一种谋生手段，自己为老板打工，老板支付工资，就这么简单。这些人对于工作更深层的含义并未真正理解。

那么，工作到底是什么呢？我们该用怎样的心态来面对工作呢？我想，大艺术家罗丹的话比较简洁而准确地概括了出来，即“工作是人生的价值、人生的快乐，也是幸福之所在”。

这句话的意思是说，当你把工作看作是一种快乐时，你的整个生活就会变得美好起来。换而言之，假如你只是将工作看作是一种别人交给自己的任务，那么工作就变成了奴役，你也就成了工作的奴隶。

也许你对此不置可否，因为从表面上看，我们的确是在为公司生产产品、创造利润，但实际上，公司也为我们提供了许多金钱之外的报酬，譬如良好的职业培训、宝贵的工作经验、成长的机会、施展才能的平台，等等，这些用肉眼看不到的财富其实才是最珍贵的。我们从初入公司的毫不

起眼，到后来的脱颖而出，一方面决定于个人才能，另一方面就依赖于企业为我们提供的这些给养，只要你能够好好加以吸收，那么就很容易实现从最基本的生存到个人的发展、理想的达成。

所以，不要只看到你为公司创造的价值，却忽略了工作带给你的价值，因为这样，就意味着你放弃了对于这些价值的有效利用，这不能不说是一种极大的损失。如果你心中还有那么一点点的激情和斗志，如果你还想在职场上有所作为，那么就请放弃打工心态，选择勤奋、选择上进，把自己培养成各方面都优秀的人才，这才是工作真正的内涵和意义所在。

事实上，我们做工作，实实在在是为了自己。且不说这是我们每个人生存的基础，更重要的是，我们是在为自己的未来打拼。能够理解到这个层次上，那么你工作起来不仅身心愉悦，同时也会创造更好的业绩，让你赢得老板的重视和提拔。至此，又何愁不能实现自己的人生目标和价值?

鲍威尔在初入社会时非常落魄，为了生存，他每天很早就要到卡车司机联合会大楼找零工做。但是，他想要的并不仅仅是生存这么简单。

后来，百事可乐下属的一个工厂需要人手去擦洗工厂车间的地板，这是一个既脏又累的工作，没有人愿意去做，但鲍威尔去了，由于没有竞争者，所以他理所当然地被录取了。

鲍威尔刚进入百事可乐工作的时候，遇到一件很让他生气的事：有人打碎了整整50箱汽水，弄得满地都是黏糊糊的泡沫。虽然鲍威尔很生气，但是他还是忍着性子把地板擦得干干净净，因为这就是他的工作，是他的责任，他觉得不管做什么都一定要把它做好。而他的这一举动，恰好被公司高层管理人员看到了，于是第二年他便被调往装瓶部，第三年他就升为了副工头。

又过了很多年，全世界的目光都聚焦在了他的身上，因为这时他已经成为美国的国务卿，他的全名叫科林·卢瑟·鲍威尔。他在自己的回忆录中这样写道："工作是为了自己，只要你永远认真负责地去对待自己所从事的工作，并把每一件事情做好，你就一定会有所成就的。”

从鲍威尔的事例中我们不难看到，正是他带着一份强烈的主人翁精神来面对工作，把工作看作是自己的神圣职责，于是努力去做好的态度，让他取得了职业上的巨大成就。

其实每一份平凡的工作，只要你把它当作事业来做，只要你能从心底认为是在为自己工作，那么你都能做出不平凡的成绩。然而很遗憾，恰恰有很多人把工作当作鸡肋一般，食之无味，弃之可惜，结果做起事来心不甘情不愿，快乐没了，成绩也没了，于公于私都没有裨益。这显然不是聪明的做法。

现在我们应该明白了，其实我们都是在为自己工作，为了自己的生存，为了自己的发展，为了自己的成功，当然，也是为了自己的快乐，如果你不想拥有这一切，那么你尽可以继续敷衍、拖延、推诿、逃避你的工作。

公司是船，我在船上

在海上航行的时候，一艘艘船只乘风破浪，而驾驭每艘船只的则是上面的一个个水手。在大家的齐心协力下，这艘船才能平安前行，抵达彼岸。在我看来，每一家企业正如同一艘艘船只，而每一位员工则相当于船上的船员。

对此，我的一位企业家朋友也持相同观点。有一次他被媒体记者问到为什么喜欢航海。他的回答是，航海和经营企业有强烈的共同点：一个企业的发展需要全体员工的共同努力，就像一艘船要破浪前进，需要全体船员各司其职、共同配合，才能顺利抵达目的地一样。

没错，对“船员”来说，公司的命运和其个人的命运是共生共亡的。所以，作为员工，都要对自己的“船只”绝对忠诚，充分发挥自己的主人翁精神，这样才能打造一个团结一致、奋发向上、飞速发展、坚不可摧的企业。

日本著名企业家松下幸之助曾经这样说："我的员工要像企业家那样思考，不能只像个被雇来干活的人。"一个忠诚的员工只有把公司当成一条与自己的命运休戚相关的船，并且像"船长"那样去思考、去工作，不断提高自己的能力，才能为公司做出自己最大的贡献，自己也能得到更大的发展。

无独有偶，作为前英特尔公司总裁的安迪·格莱文，曾应邀到加州大学伯克利分校对毕业生们发表演讲。在此次演讲中，格莱文提出如下建议："不管你在哪里工作，都别把自己当成员工，而应该把公司看作是自己开的。自己的事业生涯，只有自己可以掌握。不管什么时候，你和老板的合作，最终受益者也是你自己。"

米高林是西宁一家机械厂的普通技术员。一次，厂里的电机坏了，全厂陷入停电的局面，好几个技术员研究了半天，就是找不到毛病。负责安全生产的牛厂长对秘书说："去请纺织厂的孙工程师吧。"秘书答应着，正要走的时候，米高林站出来了，他说："牛厂长，要不我来试试吧。"

米高林是个典型的西北汉子，大个头，黑脸庞，两鬓络腮胡子，穿着沾满油污的藏蓝色工作服，怎么看也不像是个能解决问题的人。因此，许多人都不看好他，厂长也有所怀疑地问道："你有多大把握?"

米高林很自信地回答说："请您给我两天时间，我保证修好。"

就这样，厂长在别无他法的情况下，半信半疑地把这个任务交给了米高林。

米高林也马上开始了工作。白天他围着电机转悠，这儿看看，那儿敲敲，晚上，他就睡在电机房里。就这样48小时很快过去了，人们见他还不拆电机，于是更加加重了对他的怀疑，有的同事还笑话他说，没有金刚钻就别揽瓷器活。

厂长也劝他，不行就算了吧。

可是米高林笑着说：“别急，今晚就知道结局了。”

当天晚上，米高林叫人搬来梯子，他爬到电机顶上，用铅笔在一处画了个圈，说：“毛病就在这，线圈烧坏了！烧坏20圈。”

听他这么说，技术工人们有点半信半疑，不过还是想看个究竟，就爬上电机顶看了看。一看果然如此，毛病找到了，电机很快就修好了，整个机械厂恢复了生产。

事后，牛厂长问米高林为什么能找到毛病，米高林说：“其实，我只是用我所掌握的专业知识去找毛病，解决问题，没有神奇的地方。”

通过这件事，牛厂长感觉到米高林这个小伙子是个难得的人才，如果把他调到技术部门一定会发挥他的才能。于是牛厂长一纸令下，将米高林从原岗位升任技术部顾问。

通过上述案例可以看出，要想让自己的职场生涯稳步前进，就要善于负责，勇于担责，将拯救企业于危难的重任主动积极地扛到肩上。当然，仅仅有心气还不够，还需要有一身拿得出手的本领。只有这样，才不至于在紧要关头无从下手，帮不上忙甚至帮倒忙。

诚然，就像一年有春夏秋冬，企业也会有高低起伏，既然让自己在企业里占了一个位子，就应该抱着为企业贡献力量、为老板排忧解难的心态。只有这样，才更利于企业起死回生，而自己也会获得事业上更大的进步，在企业中的前途也会更加明朗。

其实，老板和员工在这条船上只是分工不同、角色不同而已。老板是船长，这个职位赋予他的不仅有权力，还有责任，他要思考船的航向，要避免触礁或者碰到冰山，还要保障一船人的安全。你一旦上了一条企业之船，你唯一的选择就是尽职尽责地完成好自己的本职工作，每个人都是这样，才能保证船在中途不会出问题，因为谁也不希望船在茫茫的大海上抛锚，甚至有意外或者事故的发生。

从一定意义上说，员工也是企业的主人，公司的兴亡不仅和公司里每位员工的切身利益有着直接关系，而且还维系在每位员工身上。所以，上了公司这条船，就必须和公司共命运，必须和老板同舟共济。

曾经担任东芝株式会社社长的土光敏夫曾这样说过：“为了事业的人请来，为了工资的人请走。”在土光敏夫看来，只有公司里上上下下所有人，都能够因为事业的价值聚集在一起，共同努力，才能真正把事业做大，即使当企业面临困境时，这些人也会和企业风雨同舟，荣辱与共。而那些为了领取薪水而来的员工，他们看到的只是企业的福利和待遇，而不是企业本身对他所产生的吸引力。当公司遇到困难的时候，这些人很容易拍拍屁股走人，置公司死活于不顾。因为他们想要的东西公司已经不能再给予他们了。他们自然会到一个能够给他们带来物质满足的企业，但绝不是现在的企业。

所以，总的来说，一个真正能为公司分忧的员工，即便是公司遇到困境的时候，他也会挺身而出，绝不会落井下石。这样的人，才是公司最需要的，也是老板所期待的，同时更是未来容易在职场上取得成就的人。

工作不专心，最终伤害的是自己

无论做什么事，最怕的不是做不好，而是不好好做。对于职场上的我们来说，想要取得工作的成就，不好好干肯定是不行的。只有一心一意地投入到工作中，工作才会给我们相应的回报。

记得著名影星周星驰曾经说过：“我相信要做好一件事情，专心地投入是首要条件。就像我，我喜欢演戏，我就全力投入，我相信穷尽我一生的精力和时间，一定可以把演戏这事做好。”从一个演员发展到导演和制片人，周星驰正是用这样的认识和情怀来要求自己、激励自己，让自己全身心地投入工作，到最后成就了自己的事业。

其实，但凡成功的人士，他们都是如此，对于某件事、某项工作专心地投入，甚至达到了“走火入魔”的地步，正因如此，他们才取得了令人刮目相看的成就。

我的一位记者朋友曾告诉过我一件关于他同事李琳的故事。我们一起来看一下：

在一家媒体做美编工作的李琳，看到记者、编辑们的收入都比自己高出不少之后，心里产生了不平衡感。她心想：我做的也是创造性劳动，为啥就比别人工资低呢？既然报社有严格的工资管理制度，那么我就想别的办法充实自己的腰包好了。

有了这个想法之后，李琳开始在一些招聘网站找兼职工作。很快，李琳便找到了一份图书排版工作。经过一番交流之后，对方便和李琳达成了合作意向。简单算下来，李琳约摸着自己每个月可以赚到1000元的“外快”，想到这，李琳便乐不可支，也信心十足。

就这样，李琳在自己的本职工作之余，做起这份兼职的工作来。几个月下来，李琳觉得比较容易应付过去。这时候，李琳又有新的想法了，她觉得自己还可以再利用业余时间开一个淘宝店。

有了这个想法不久，李琳就开始着手搞她的淘宝店了。原本李琳想着只利用晚上和周末的时间来打理淘宝店，但买家经常在上班时间找她，这让李琳不得不“接待”自己的顾客。

俗话说“没有不透风的墙”，李琳的兼职行为很快被主编知道了。主编不但发现她利用工作时间打理淘宝店，还观察到她居然还兼职一份书稿的排版。见此情景，主编很是生气，他觉得这是对工作不负责任的表现。当即，主编就命令李琳写一份辞职报告，下周一交到总编室。

李琳虽是在完成本职工作之余做一些兼职，以增加自己的收入，但是她的行为却明显是违反职业道德的，也是任何一个单位都不允许的。这样的员工在老板看来，都是“靠不住”的，因为他们太不专心了，将本该投注到工作中的精力放在与本职工作无关的事情上，这样的人怎么能任用呢！

毋庸置疑，每个人的时间和精力都是有限的，企图去控制超出自己权限和能力范围的事情是没有意义的，最行之有效的就是集中精力做我们职责之内的事。如果我们一心二用，不但很可能会把工作搞砸，还会引起领导的不满。到时候恐怕只有被炒鱿鱼的份儿了。

所以，我们要始终铭记，无论从事什么工作，都要用心去做，在工作中学会去专心地做事，以一种敬业的精神对待自己的工作，无论是大的方向还是小的细节，都要给予同样的重视，争取把自己塑造成一个适合岗位的人。这样，我们才能为自己的工作创造更大的价值。

实际上，当我们真正地专注于某一项工作，并不意味着辛苦和乏味，很多时候，我们能够从中体会到工作的乐趣，这会让我们更加热爱自己的岗位，热爱自己的工作，我们的职场生涯才会更长远，职业旅途才会更顺畅。到那时，或许我们会发现，没有什么比热爱、比专注更让自己快乐和满足的事了。

远离“怨士族”，甩掉“负能量”

著名相声演员郭德纲说过一句很有名的玩笑话：“不想当厨子的裁缝，不是好司机。”

显然，这是一句不合逻辑的无厘头的话，但它却令很多年轻人津津乐道。然而，实际上，很多年轻人的工作状况恰恰可以用这句给人强烈混乱感的名言来形容——干着这个职业，一肚子怨气，于是想着那个职业；待在这个公司，张口闭口不满意，所以想着别的公司……这种人被相关人士称作职场“怨士族”，他们总是散发着强烈的负能量，给自己，也给他人带来“黑气压”。

可是看看这些人，他们每天的状态是怎样的呢？无外乎落得个厨子不像厨子、裁缝不像裁缝、司机不像司机的下场。

不难想象，在这种状态里，想工作得快乐、取得工作的成就是基本不可能的事。因为但凡能让人感到快乐和取得成就的工作，多是能让自己专心投入、乐于付出的，而不是心不在焉、感觉没劲的。

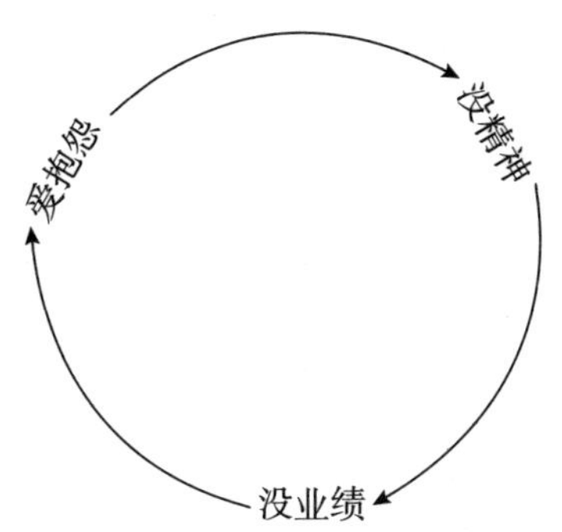

图1　负面能量的恶性循环

事实上，真正决定我们工作状态的并非工作本身，而是我们自身的主观作用。要知道，这个世界上没有所谓的卓越的行业，只有卓越的人；也没有所谓的平凡的工作，只有平庸的态度。古语说得好，“三百六十行，行行出状元”，所谓有前途、有发展，并非是我们用自己的主观意愿来断定的，而是要看我们对工作持何种态度。做皇帝无疑是个待遇高、面子足的好职业，可是有的人能做成千古明君，盛世流芳，有的人却做得臭名远扬，甚至国破家亡。当屠夫在普通人眼里就是个粗活、累活，下等工作，顶多混个温饱，毫无前途可言，可是庖丁解牛却能把一门粗笨的技术变成一门千古盛赞的艺术。这不就是区别所在吗？

所以，不管从事何种工作，不管身在哪家单位，我们都不要带着怨气去面对，而应该像湖南卫视知名主持人汪涵那样用心地去做自己认为该做的每一件事情。

我们一起来看一段汪涵在电视节目中的演讲：

我在这里特别希望跟年轻朋友分享的就是，不要轻视行动的力量，也不要轻视个人的力量，用心地去做你认为该做的每一件事情。我是1996年中专毕业，我没有读过大学，我读的是湖南电视播音专科学校。后来我去了湖南经视，就是到目前为止，我的人事关系依然还在那个电视台。我在这个电视台，开始是做剧务，当时我们剧务组有两个人，我和李维嘉。

做剧务的时候，我们俩是最快乐的剧务，每天往这个演播厅扛椅子。扛椅子的时候，我就说："今天我扛的椅子，有可能会是毛宁坐的。"维嘉说："那我这个椅子还有可能是林依轮坐的呢。"那个时候现场有256个观众，每个观众来看节目的时候都发个塑料袋，每个塑料袋里面有50多件礼品：卤蛋粉、电灯泡、水龙头、面条、酱油……我们每天就往塑料袋里放礼品，我们每天做得特别快乐。

后来我当了现场导演，给现场的观众讲一些笑话，活跃现场的气氛，带领全场的朋友鼓掌。我记得，在当现场导演的时候，我是每期鼓掌鼓得最厉害的。有一次，我们台长到现场来看节目，就问身边的人："这哪儿来的现场导演？"然后对我说："小伙子，你过来。"我就过去了，说："台长，你好！""把俩手伸出来。"台长说。我说："啊，怎么做节目还检查指甲盖洗没洗干净？"我一伸手，手拍得特别红。他说："你们看，这个现场导演多么投入，鼓掌鼓得多么卖力。"

后来，我又当导演，可以让我特别欣赏的节目主持人按照我的想法去做节目，还有什么比这更开心的呢！没过多久，台里面做内部的晚会，台长说汪涵是学播音主持的，让他去试试吧。可以在全台同事的面前主持节目，开心得不得了。后来做了一个节目叫《真情》，台长就问当时的一个节目主持人："汪涵当搭档可以吗？"那个主持人说："可以。"然后台长还问了一个灯光师："小廖，你觉得汪涵可以吗？"灯光师说："不错，暖场的时候，全场观众都乐成那样，让他去吧。"太开心了，我可以当主持人。

所有的事情，我都特别开心地去做。不管是什么情况，我都接受；再尴尬或者再难堪的局面，我都一定要扛下去。因为面对困难无非三点：度过困难，你有度过困难的智慧；面对困难，你有面对困难的勇气；绕过困难，你有绕过困难的狡猾。多好，你还要生命教你什么？你还要这个舞台教你什么？就像塞内加曾经说过这样的一句话：

“何必为部分生活而哭泣，君不见全部的人生，都让人潸然泪下。”但是，我想他所呈现的应该是这样的一种情绪：既然我们都知道最终的归宿是那样，我们何不开开心心地、欢声雀跃地、一蹦一跳地朝着那样的一个归宿去。

……

上天抛给你的东西，用自己的双肩去承受，不管抛给多少先扛着，扛着的目的是让你的身体更加坚强，双臂更加有力。这样的话，有一天它馈赠给你更大礼物的时候，你能接得住。在一生当中，如果你希望有一天回过头的时候，你或往前，或往后，或停下来的每一个脚印，都成为诗句的话，你就踏踏实实地走好人生的每一步。

看完汪涵的经历，我们是不是感到很大的触动？可以说，他的成功，与他一直以来都积极快乐地投入到任何工作中是有着必然联系的。

实际上，对于每一个职场人士来说，是不存在什么值不值得做的事情的，我们接受的任何一件事都同等重要，我们所从事的任何一个职务都需要脚踏实地地做好。我们也不要认为自己的工作难以做出令人刮目相看的成绩，要知道，同样的工作给不同的人来做，也会出现不一样的效果。

说到底，工作得快乐与否，就取决于我们对待工作的态度好坏，前途就存在于我们所从事的工作中。每一份平凡工作都会有各种各样的压力，但在它们的后面都隐藏着一条通往快乐和卓越的道路。如果我们能够用努力、勤奋、不畏艰辛的态度替换掉平庸、敷衍、抱怨的态度，那么我们就一定能让目前的工作成为自己获取快乐的源泉，成为迈向成功的跳板。

永不满足，把工作做到尽善尽美

常言道：“你以什么样的态度来对待生活，生活就会以同样的态度来对待你。”其实，工作同样如此。

日常生活中，我们常会因为漫不经心、马马虎虎的工作习惯，而对手头的工作敷衍了事。而这，将会影响我们的工作效率和成果。

在一本描述职场人经历的报刊中，我看过这样一个故事：

有一个刚刚进入奥美广告公司的年轻人，他的上司交给他一项任务——为一家知名的企业做一个广告宣传方案。

年轻人自以为才华横溢，仅用了一天的时间就把这个方案做完了。他的上司让他重新起草了一份。于是，他又用了两天时间，重新起草了一份。上司觉得还能用，就把它呈报给了老板。

第二天，老板把年轻人叫进了自己的办公室。老板说：“你觉得这是你能做得最好的方案吗?”年轻人一怔，没敢回答。老板轻轻地把方案推给了他，年轻人默默地走出了老板的办公室。

当年轻人第二次拿着方案走进老板办公室的时候，老板依然问了同样的话。“嗯……”年轻人犹疑地回答，“我相信再做些改进的话，一定会更好。”

老板立刻把那个方案退还给了他。

第三次，依旧如是。

这一次，年轻人回到了办公室里，苦思冥想了一个星期，彻底地修改完后交了上去。老板看着他的眼睛，依然问的是那一句话：“这是你能做得最好的方案吗?”

年轻人信心百倍地回答说：“是的，我认为这是最好的方案。”

老板说：“好！这个方案批准通过。”

老板并没有直接告诉年轻人应该做什么，而是通过这种严格的要求来训练自己的下属工作必须做到完美。

凑合、将就是一种态度，严谨、务实也是一种态度，但这两种态度所带来的结果却迥然不同。上述案例中的年轻人一开始并没有使出百分之百的劲头来完成工作，之后经过老板的不断提示和要求，终于将方案做到了令领导满意的程度。

在一些事情上，我们不否认，不用花费百分之百的心血也可以完成，甚至也会让领导满意，但是为什么一定要如此呢？既然可以做到百分百，那么为什么不去尽全力呢？要知道，你的每一分努力都是有回报的，这回报可能是老板的肯定和欣赏，可能是你薪水和职位的提升。即使这些都没有，那么对你自身而言，也是锻炼自己能力、塑造自己良好工作态度的过程呀！

我们再来看看下面这个故事，是否能悟到一番道理呢？

一位商人要运送货物到某地，他把货物分别装在了两辆马车上。

行驶过程中，其中的一匹马渐渐慢了下来，走走停停，不肯下大力气。看到这种情景，商人就把货物都挪到了前面的马车上。

卸掉货物的马居然跑到前面的马旁边，得意地说："辛苦吗？那是你活该，干得越多，主人越累死你！"说着，竟然自顾自地跑到了前面。而那匹拉了两份货物的马并没有听这匹"聪明"的马的话，依然卖力地拉着货物往前走。

这时候，路上的一位行人看到了，就对商人说："既然只有一匹马干活，你干吗不把另一匹宰掉？"

商人听了，果然就这么做了。

虽然是很简单的一个故事，但却很值得我们深思。作为职场人士，我们就像一匹马，我们的存在，不是为了享受清闲，而是必须卖力地工作，这样才能实现我们的价值。如果我们像那匹"聪明"的马一样懒散、不负责，那么我们离被"宰掉"的日子也就不远了。

将工作做到最好，应该被作为一种积极的工作态度，其实也只有具备这样的态度，你才可能找到拓展自我的空间，从而成为公司里举足轻重、不可或缺的角色。很多人在寻找自我发展机会的时候，都会产生这样的疑惑："如果只是在做这种平凡乏味的工作，那我的人生有什么希望呢？"其实，即便是在你觉得极其平凡的职业中或者在极其低微的位置上，都会蕴藏着巨大的机会。如果我们能调动自己全部的智力，把自己的工作做得比别人更迅速、更完美、更专注、更准确，那么我们就会使自己的能力有发挥的机会，也就更容易赢得上司的青睐，实现晋升的愿望。

稻盛和夫：工作即修行

世间到底有没有一种方法可以塑造人的人格和锻炼人的灵魂呢？难道一定要去深山里闭关修行，以肉身抵挡来自四面八方的风吹雨淋吗？

在有生之年带领两家公司进入世界500强的“经营之神”稻盛和夫看来，根本没那回事。作为一个职场人士，最为重要的，就是在自己所处的工作环境中认真、努力地做事。而这就是修行。

《圣经》里说：“任何事物都是上天赐予我们的礼物，有了这些礼物，我们的生命拥有了一种愉悦的身心体验。”那么，对我们来说什么是最美好、最宝贵的馈赠呢？答案就是——工作！

遗憾的是，在实际生活中，有些人总认为工作是一件费心费力、承受压力的苦差事，与自己所获得的一切都没有关系，对待工作缺乏热情，不懂得感恩，总是抱着“当一天和尚撞一天钟”的心态，得过且过。

在释迦牟尼看来，“精进”是非常重要的，这是达到开悟境界的修行方法之一。所谓精进，就是指努力工作，心无旁骛地投入眼前的工作。我认为这就是帮助我提升心性与培养人格的最重要也是最有效的方法。

飞卫是春秋时期赵国邯郸的著名神射手，相传是后羿之后，中国历史上最著名的神射手。一名叫纪昌的年轻人一心想成为像飞卫那样的神射手，便来拜飞卫为师。

飞卫看了纪昌一眼，淡淡地说：“想让我收你为徒其实也不是一件难事，等你学会看东西不眨眼睛时，再来找我吧。”纪昌回到家里，每天仰面躺在妻子的织布机下面，任凭妻子来回地织布，练习不眨眼睛。

3年之后，即使是锥子尖刺到眼皮上，纪昌也不眨一下眼睛。然后，他又去找飞卫。飞卫说道："等你看小物体像看大东西一样清晰，看微小的东西像看显著的物体一样容易时，再来跟我学射箭吧。"

到家后，纪昌用一根细线系住一只跳蚤悬挂在窗口，他每天都远远地盯着跳蚤看。渐渐地，跳蚤仿佛越来越大了。又3年过去了，在纪昌眼里，跳蚤仿佛有车轮那么大了。等他转过头来看其他东西，都像山一样高大了。

纪昌带着跳蚤又去找飞卫，飞卫递给他一把用牛角装饰的弓，一支用北方出产的篷竹作为箭杆，又将跳蚤悬挂在一棵树上，命纪昌射跳蚤。纪昌一眼就看清了跳蚤的中心部位，一箭穿透。

飞卫微微一笑，对纪昌说："你不用拜我为师了，因为你已经掌握了射箭的诀窍了。"纪昌从此便成了一名神射手。

在上面的故事中，无论是让纪昌练习看东西不眨眼睛还是眼睛紧盯着跳蚤看，飞卫强调的都是要专注。正如一句话所说：生活中有一件明智的事，就是精神集中；有一件坏事，就是精力涣散。

每个人的时间和精力都是有限的，企图去控制超出自己权限和能力范围的事情是没有意义的，最行之有效的就是集中精力做你能够控制的事情，不要浪费时间。特别是做重大事情的时候，就更要专心致志，不断精进。

稻盛和夫认为，工作对人类来说，是有着更为深远而崇高的价值和意义的东西。劳动对一个人的磨炼是其他事难以比拟的。它不止满足我们生活所需，而且可以帮助我们战胜欲望，磨炼心性，培养人格。甚至到头来，换取生活所需只不过是劳动所附带的功能而已。因此，以全部的精神投入每天的工作，是极为重要的事，唯有如此才能做到锻炼灵魂、提升心性的无上"修行"。

出身贫寒的二宫尊德，是一个没上过几天学的农民，但是他靠着自己所拥有的锄头和圆锹，最终成就了一番了不起的事业。

每天天不亮，二宫尊德就开始下田工作，直到月亮高悬空中，他才回家。就这样，日复一日、年复一年，二宫尊德拼了命一般地勤恳干活，将原来荒芜凋敝的村庄一点点改造成了丰饶而美丽的村落。

他的辉煌成绩被德川幕府看中，于是将他拔擢入府，与众诸侯平起平坐。虽说二宫尊德在此前并没有受过任何礼仪方面的训练，但他当时所表现出来的行为举止却和出身显赫的贵族没什么两样，自然地散发着威严，其神情也是泰然自若。

通过这个案例不难看出，哪怕每天和农田打交道，只要勤奋努力，辛苦流汗，那么照样可以获得心智与人生的精进。因为这些东西已经在不知不觉中深耕了你的内心，发挥了陶冶人格、磨炼心性、提升灵魂层次的作用。

由此可以说，任何一个人，只要能够全神贯注于一件事，对工作努力不懈，那么终将在日复一日的精进过程中锻炼自己的灵魂，同时培养出具有深度的人格。这也正是劳动之所以受人尊崇的道理之所在。

在拉丁文中有这样一句俗谚：“与其成就工作，不如成就做事的人。”对此，稻盛和夫表示：“人格的培养必须通过工作。也就是说，哲学会从辛苦流汗中孕育出来，心性会在每天的劳动中得到锻炼。”

没错，当我们能够全心投入自己应该做的工作中时，我们就会不断地动脑筋去想，努力去付诸行动。这样一来，我们就会非常珍惜地活在所获得的当下的每个瞬间。

纵观古今中外那些博得“名家”之誉，在其领域各领风骚的能人，他们也都是在这种不断的劳动、不断的努力中走过来的。劳动不仅能产生经济价值，说它把人类的价值一并提升了也不为过。

所以说，人的修行，根本不需要远离凡尘俗世，工作场所就是我们修炼精神的最佳场所，工作本身就是一种修行。只要我们每天切实地努力、认真地投入到工作中，那么想要培养崇高的人格、获得美好的人生都将不是什么难事了。

驱除自我否定，做一个求成者而非求存者

职场上，有的人妄自尊大、自不量力，有的人妄自菲薄、自我否定。在我看来，这两种人都属于比较极端的。如果长期处于这样的心理状态，那么他们很难扛得住工作中的压力，也就无法快乐地工作，更不会取得理想的成就。

所以说，如果你想取得事业上的辉煌成就，使自己成为公司发展的关键力量，就要驱除自我否定，而后积极找方法，做一个求成者而非求存者。

如今的IBM（国际商业机器公司）尽人皆知，而曾经它是个陷入巨额亏损的举步维艰的企业，那时候，大有树倒猢狲散的悲惨局面，没有人愿意倾其所能去挽救IBM。后来，IBM费尽力气，终于说服了路易·郭士纳前去执掌IBM的帅印。于是，被媒体描述成“一只脚已经踏进了坟墓”的IBM，迎来了这位对IT（信息技术）行业完全陌生的新CEO（首席执行官）、后来被世人津津乐道的传奇人物郭士纳先生。

不过，在人们得知郭士纳先生要接掌IBM时，还是投去了怀疑的眼光和嘲讽的态度。他们认为：一个靠经营食品业起家的人，一个对计算机完全外行的人，怎么可能担当得起这一重任呢？

但是，随着时光的流逝，郭士纳先生给大家的结果是“惊喜”！因为，今天我们已经看到，一个当初亏损81亿美元的IBM公司，如今已经变为销售额高达860亿美元，赢利77亿美元的行业楷模。公司的股票价值增值了800%，市值增长了1800亿美元。这些惊人的数字，就是当初那位计算机行业的“门外汉”路易·郭士纳先生带领IBM员工创造出来的。这是一个给那些怀疑“门外汉”做不了专业活的人的最好反击。

郭士纳先生的成功带给我们这样一个启示：世上无难事，只怕有心人。面对困难，只要你勇于尝试，积极寻求解决方案，那么“不可能”也能够变为“可能”。工作上也是同样的道理，只要不自我否定，就能让自己不断前进，成为一个求成者。

不可否认，在职场上对于工作不重视，每天就像例行公事一样磨洋工的人大有人在。短时间内，这些人往往会因为付出较少、承担责任不多而感到轻松，但长此以往，由于失去了对工作的新鲜感，他们很可能会感到非常厌倦，甚至忘了自己工作是为了什么。直至最终，这些人也不会得到公司的嘉奖和升迁，只得在日复一日的无聊、烦闷中以一事无成而告终。

他们不知道，工作对自己来说，既是提供衣、食、住、行各种生活资料的保障，也是让自身才能得以发挥的平台。不仅如此，工作还能让我们在不同程度上获得归属感、成就感和荣誉感，让我们安心为自己的未来打拼。

从这个意义上讲，工作就是我们一份重之又重的事业，尤其是我们还没有能力去创业的时候，只有依靠工作，我们才能够实现自己心中的种种愿望。因此，为了我们能创造更多的价值，为了我们的内心能多一些充实、追求和快乐，那么就将工作看得重要一些，学着将它当成自己的事业吧！

当我们面对一些高难度的工作时，在挑战的大山前想要停下脚步时，在唯唯诺诺地不敢相信自己时，我们还是找到积极改变的方法，让自己重新站起来吧！

我们要知道，如果想让自己成为公司发展的关键力量，首先，要丢掉心中的限制，积极找方法攻克工作中一个又一个的“不可能”。

其次，多对自己说“我行”“我可以”，在工作的细节上给自己自信，对自我的能力拥有客观的评价和肯定。

最后，不要总是参照别人的模式工作，要走适合自己的道路。不要总是关注别人身上的光芒，忘记了自身的闪光点。

我相信，当你在压力面前想要退缩的时候，让自己使用一下这三种方

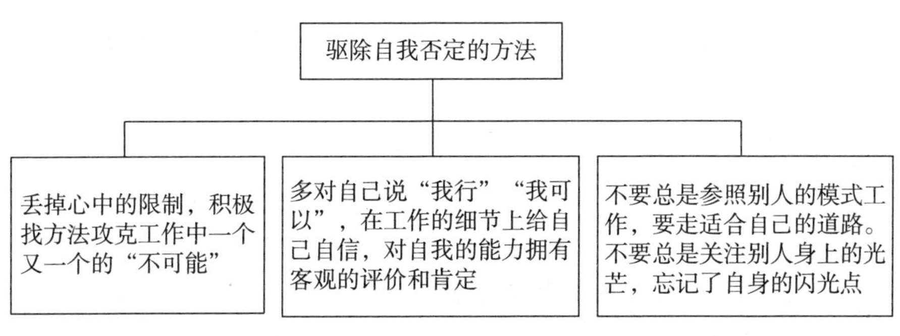

图 2　驱除自我否定的方法

法，那么你一定会振作起来，让自己以健康的、积极的态度投身到工作中去，并努力战胜一个又一个的困难。

以“我能贡献什么”作为出发点的思考是积极思维

在《自我管理》一书中，著名管理学大师彼得·德鲁克重点强调了优先从“我能做出什么样的贡献”开始思考的重要性，和先从“我想做什么和组织能为我做什么”开始思考的局限性。

> 当28岁的霍华德·舒尔茨第一次走进星巴克位于西雅图的店面时，吸引他的是星巴克咖啡豆的香气。当时的星巴克拥有四家店面，老板是因为喜欢咖啡才做这笔生意的。他宣称要提供美国最好的咖啡豆，赚不赚钱倒是次要的，而且当时星巴克并不卖咖啡饮品。
>
> 吸引舒尔茨加入星巴克的原因是：星巴克创始人的“为美国提供最好的咖啡豆”的价值观和发自内心的热情，而他希望把这种价值观传达给别人。因为这种价值观，舒尔茨创造了一种新的商业模式和代表生活方式的咖啡文化；因为这种价值观，星巴克成长为一个既“可敬”又“可爱”的品牌。

在舒尔茨的自传《将心注入》中，他描写了许许多多星巴克发展中的故事。看完了这本书，我深深认识到：正是他们满怀热情，追求梦想，坚持“为人们创造一种代表生活方式的咖啡文化”价值观，从而成就了一个大品牌。

Facebook（脸谱，社交网站）CEO 马克·扎克伯格在清华大学演讲时，主持人问：“这里有很多同学想成立公司，你有什么建议呢?”扎克伯格回答：“我觉得最好的公司，不是因为创始人想要成立公司，而是因为创始人想要改变世界，想要为世界做出贡献。如果你只是想要成立公司，你会有很多想法，但不知道哪个想法最好，最后影响公司的发展。但反过来，如果你想要改变世界，想要为世界做出贡献，有了很好的想法才去创业，这样你才会成立好的公司。”

舒尔茨和扎克伯格的故事清楚地告诉我们：以“我能贡献什么”作为思考的出发点是积极的思维方式，是正确价值观的保证。

千斤重担挑肩上，把工作当成事业做

面对同一件事情，不同的人有不同的理解；面对同一份工作，不同的人有不同的做法。眼界决定境界，理念决定道路。消极地对待企业给你的工作，企业也会消极地对待你；积极地对待企业给你的工作，企业也会积极地对待你。

在自己的岗位上勇于承担责任，把公司的事当作自己的事去做，把工作当成自己的事业，那么做起来就会乐此不疲、干劲十足，自己的专业知识和聪明才智都能得到充分的发挥，这样才能把自己岗位上的工作做好，最终实现创业的理想。

有一位著名企业家说过：“在我的员工中有一种人最可悲也最可怜，就是那些每天只想获得薪水，而对其他事情一无所知的人。”

只想着领薪水，必然要混日子，因为不到日子不发薪水，工作的质量肯定是要打折扣的；对其他事情一无所知，说明这个员工对企业根本不关心，企业的成败和他毫不相关。我们每天到企业去上班，不能永远做一个局外人，我们要把企业的事当成自己的事，这样企业才会把我们当成自己的人，企业取得了发展，我们自己的事业也就取得了成功。

在美国有这样一个年轻人，他在博士毕业以后，应聘进入一家制造燃油机的企业。

在选择岗位时，他没有选择技术部门，而是自愿担任质监部门的质检员，为的是能从基层做起。

刚开始的时候，薪水比普通工人还低，但是年轻人没有怨言，完全地投入到工作中，将自己的所学尽可能地应用到实践中。

半个月后，他发现产品的生产过程中存在太多的问题，这些问题最终造成生产的成本高，产品的质量差。于是年轻人找到公司老板，不遗余力地说服他推行生产改革，提高产品质量，更多地占领市场。

身边的同事不理解，对他说："何必呢，给你的薪水又不高，你为什么要这么卖命啊?"

他笑道："我每天在这里工作，这里如同我的家一般，家里出了问题，我当然要想办法解决，这样做不仅是为了公司，也是为了我自己，这是我的责任。"

老板被年轻人说服了，实行了一系列的改革措施，减少浪费、提高效率、降低成本，没过多久，产品的质量提高了，市场占有率扩大了，企业的实力也大大增强了。

一年后，这个年轻人晋升为副总经理，薪水自然也就涨了很多。

我们的一生能否成功，有一个重要分水岭——为事业投入还是为工作奔波。把工作当作养家糊口的手段来对待，还是当作自己一生的事业来对待，其结果将有天壤之别。前者只是为工作奔波，经常担忧失业，感觉前路茫茫。而后者则是充满了责任心，非常清楚自己在做什么，不仅熟悉自己岗位的情况，而且熟悉企业的情况，真正把企业的事当作自己的事来做，敢于承担更多的责任。

事实上，只有承担更多的责任，为事业而工作，才不会成为工作的奴隶。换言之，我们要让工作成为一种兴趣，成为一种生命内在的需要，在自己的岗位上尽情展示自己的智慧和才华。这样，我们才能体会到人生的幸福和成长的快乐，才不会虚度年华。正如有位哲学家说过的："工作就是人生的价值、人生的欢乐，也是人生幸福的所在。"

美国的一位博士做过一项调查，对1500名男女进行了长达20年的跟踪研究，这项研究从他们20多岁的时候开始，直到40多岁为止。调查的最终数据显示，这1500人当中，有83位测试者成了百万富翁，其他人的成就或大或小，绝大多数人是碌碌无为。

研究发现，那些成为富翁的人，几乎每一个都很早就下定决心要专攻某一件令他们痴迷的事，他们一直在做自己喜欢的事，他们的工作就是自己的事业。经过15~20年的努力工作，他们猛然发现，自己的资产竟然超过了100万美元，这个结果让他们感到很意外。在这类人当中，80%都不是企业家，也不是某一方面的天才，他们的成功是靠自己在某一领域的专长和在工作中的坚持不懈实现的，无一例外的，他们都非常热爱自己的工作，把工作当作自己的事业。

麦当劳是一个世界级的品牌，它的快餐可谓是家喻户晓，它的创始人雷·克罗克经常给自己的员工进行企业文化培训。在一次培训时，他对在座的员工提出了这样一个问题："谁知道我们是做什么的？"在场的员工很多都被逗笑了，我们每天干的活儿难道我们还不知道？很多人大声地回答："是做快餐的。"话音未落，有一个麦当劳优秀员工站起来，说出了这样一个与众不同的答案："我们的职业是做快餐，我的事业是做地产。我们最大的资产不是快餐给我们带来的利润，而是快餐给麦当劳地产带来的保值增值！"雷·克罗克当即为这个精彩的回答鼓掌表示称赞。

如果这个员工在工作中仅仅是为顾客提供美味的食物，每天想的仅仅是怎么样卖出更多的快餐得到更多的奖金的话，那么，他是绝对不可能对企业的文化有如此深刻的理解的，更不可能在这样一个情况下一鸣惊人。面对这样一个优秀的员工，企业的老板又怎么能让他的才干一直被埋没，而不委以重任呢！这就是一名优秀员工的境界，他把职业当成心目中的事业来经营，把企业的兴衰当成自己的责任。

我始终相信，凡是把工作当成事业，在工作中勇于承担更多的责任的人，就没有干不好的事。因此，我们应该在自己的岗位上把工作当成事业去干，用前瞻性的眼光和睿智的思考来对待自己目前正在从事的职业，用做事业的态度来做好工作。只有这样，才能开阔自己的眼界，丰富自己的阅历，让自己站得更高、看得更远、做得更好！

从平凡的工作中找意义

你们离别家乡，来大城市工作，抱着什么目的呢？

我想，有的是为了挣钱，养活自己，赡养家人；有的是为了换一个环境，看看外面的世界……来到大城市，面对简单、重复、紧张、劳累的工作，是不是有点失望？当然，你们可以做其他的选择，干自己喜欢的工作。但是今天你们既然选择来这里，那就应该积极地去面对。

一个雪花飘散的傍晚，一身戎装的伯克中士正急匆匆地往家赶。当他经过公园时，一个陌生人拦住了他的去路。“对不起先生，打扰了，您是位军人吗？”看得出来，他很焦急。

伯克中士不知道发生了什么事，问道：“请问我能够为您做些什么吗？”

“我一直在等军人路过这里，”这个人解释道，“是这样的，我刚才经过公园时，看到一个小男孩在哭，我问他为什么不回家，他说，他是士兵，他在站岗，没有命令不能离开岗位。我询问了一番，这才知道他们是在玩站岗游戏。”

“哦，天已经黑了，又下这么大的雪，他为什么不回家呢？和他一起玩的那些孩子们呢？”伯克中士不解地问道。

“现在公园里空荡荡的，和他一起玩的那些孩子大概都跑回家了。

我对他说，你也回家吧。他说不，站岗是他的责任。我怎么劝他回去，他也不听，只好请先生您来帮忙了。”这个人忧虑地说道。

伯克中士和这个人一起来到公园，看到了那个哭泣着但却站着一动不动的小男孩。伯克中士走过去，敬了一个军礼，问道：“下士先生，我是伯克中士，你为什么要站在这里，而不回家?”

“报告中士先生，我在站岗。”小孩子停止了哭泣，回答说，“虽然我很想回家，但是站在这里是我的责任，我不能离开这里，因为我还没有得到离开的命令。”

伯克中士的心为之一震，他以军人的口吻命令道：“我的下士先生，你的任务已经结束了，我现在命令你回家，立刻!”

“是，中士先生!”小孩子高兴地说，然后还向伯克中士敬了一个不太标准的军礼，撒腿就跑了。

伯克中士和这位陌生人对视了良久，说道：“他是一个称职的军人，很值得我学习。”

小男孩的站岗“工作”原本是平凡的，甚至可以说是没有什么意义的，但他却忠于职守，坚持接到离开命令才肯回家，即使和他一起玩这个游戏的其他小伙伴们已经回家了。这种坚守岗位、尽职尽责的精神，令人肃然起敬。

其实，每一个职场人，都有必要好好工作，以愉快的心情去挑战，这样才会对得起父母，对得起公司，对得起顾客，也对得起自己。你说你喜欢计算机、设计、策划，这很好啊，但你对自己应该有一个评估，有没有竞争的优势和能力？如果缺乏，自己又很向往，可以利用业余时间做些准备。等有了一定把握以后，可以去迎接新的挑战。

我想，正在阅读这本书的你，或许同样面临这个问题，你可能喜欢某项工作，有自己的目标和愿景。但是，你有没有想过自己是否具有实现理想的条件和能力呢？如果答案是否定的，那么就请你脚踏实地地做好眼下的事，同时利用业余时间做准备。实际上，越是简单、平凡、琐碎的工作，越能够考验一个人的心性，而这也是做好其他工作的前提。

正所谓，简单的工作做好就不简单，平凡的工作做好就不平凡。所有的不简单和不平凡的工作，都是从简单、平凡的工作中做起的。

有这样一位年轻人，谋求到一份石油公司的工作，任务是检查石油罐的盖子焊接得是否合格。这项工作是公司最简单枯燥的工作了。他有点不愿意接受，于是就向上司要求换工作。上司没答应，年轻人也只好安下心来做这份工作。

在之后的日子里，他认真细致地观察，发现焊接一个石油罐盖需要39滴焊接剂。他忽然产生了一个想法：能不能减少呢？经过努力，他研制成功了“38滴型”焊接机，一年下来可为公司节省开支5万美元。这个年轻人迈开了成功的第一步，他就是后来的世界石油大王——洛克菲勒。

仅仅是减少了一滴焊接剂，就省下了数额不菲的成本。这正是得益于洛克菲勒善于从平凡的工作中找意义的优秀品质。由此不难看出，简单、平凡造就了将来的不简单、不平凡。

深圳巴士集团101线有一名叫吕湘平的乘务员，她从17岁那年便离开湖南农村来到深圳。如今，吕湘平已是“全国三八红旗手”、广东省人大代表、深圳市顾客满意服务明星、深圳市先进生产者。

在乘务岗位上任职的这七年时间里，在为140万人次乘客的服务中，吕湘平实现了服务投诉为零的纪录。她说：“服务工作永无止境，十米车厢是个复杂的小社会，什么情况都会发生，既然自己选择了乘务员这一行，就要面对各种困难，我们吃点苦不算什么，就是不能让乘客吃苦。”

自始至终，吕湘平都不断研究和摸索，将规范的服务程序与温馨的服务形式相结合，先后总结出“售票四步法”和多看、多想、多说、多帮、多走的“五多”服务法。她也是在简单、平凡的工作中创造了不简单、不平凡。

在大多数人看来，卖票是个非常简单的、不需要动脑子的体力活。而吕湘平却不这么认为，她通过多看、多想、多说、多帮、多走，创造了平凡工作中的不平凡。由此说来，不管你干的是体力活还是脑力活，都要多动脑子，多想办法，看看怎么做得更好、更快，这不仅有助于提高自己，而且也有助于企业的进步和发展。

比尔·盖茨曾对他的员工说过这样一句话，他说："工作本身没有贵贱之分，对待工作的态度却有高低之别。"在我们的社会中，三百六十行中任何一个职位的存在都是有意义的，所以我们都应该满怀信心和热情地去做好它。

无论你现在在做着什么样的工作，假如你能够把它看成是人生一项快乐的使命并投入热情的话，那么即使再微小的工作也会变成一种乐趣。反之，当你把你的工作视为一种不得不做的差事时，就会总想着要逃避和糊弄，到最后，你一定会变得对工作感到厌倦和失望，而你也必将两手空空。

第二章　培养抗挫力，拒做“职场婴儿”

——直面逆境，承受住工作中的不如意

谁没压力，谁不烦

在我们身边，经常听到这样的抱怨：好累啊！好烦啊！

可是我们问一下周围熟悉的家人、朋友或者同事，有谁没有压力吗？有谁天天开心快乐没有烦心事吗？

我想肯定的答复应该不会多。现代社会，竞争激烈，人人都处于一种被压力追赶、被时常袭来的烦躁给淹没的时代，想必除了刚出生的小婴儿，没有谁敢说“我没压力，我从不烦”这样的话了吧！

“如果非要找出没有压力的人，那么我们只能向婴儿世界探寻了。”这是一位心理学讲师讲到关于压力的内容时，对学员们说过的一句话。的确，当今社会，竞争非常激烈，这让人们时时处处都感觉到压力的存在。

有些时候，我们会注意到周围人的状态，认为他们工作轻松、生活惬意。这时候我们心里可能会想：人家怎么没有压力？看上去真是轻松呀！可一旦有机会大家坐下来深入了解一下之后，就会发现对方也有压力，甚至压力比自己的还要大。

我们之所以看不到别人的压力，实际上是一种“当局者清，旁观者迷”的心态在作祟，让我们感觉生活是别处的好，幸福是别人的事。然而，实际上，生活对于我们每一个人都是公平的，除了不谙世事的小孩子，每个成年人都要遭受风吹雨打。诸如此类的压力，每个人都无法避

免，只是或多或少、或大或小罢了，比如工人面对下岗时有压力，基层干部想要晋升有压力，项目经理业绩平平时有压力……可以说，每个人有每个人的压力，每种角色有每种角色的压力。

看来压力真是无时不有，无处不在。既然如此，那么我们也就没必要去羡慕别人，因为那只是雾里看花罢了。要想让自己活得轻松快乐，我们就得拥有一颗善于排解压力、冷静对待压力的心。就像英国著名心理学家罗伯尔曾经说过的："压力犹如一把尖刀，它可以为我们所用，也可以把我们割伤，那要看你握住的是刀刃还是刀柄。"

一所重点高中里，有一位特别可爱的班主任。之所以说这位班主任可爱，主要是他极少给同学们压力，而是经常从心理学的角度来帮学生们舒缓压力。可能正是这个原因，让这位老师带出来的学生，往往心理素质要好一些，高考成绩也好一些。

有一次，老师见自己的学生们都在为了高考而奋力拼搏，发现他们倍感压力而又不懂得调整自己的状态。老师看在眼里，疼在心里，于是就想出来这样一个帮他们缓解情绪的办法。一天，他端着一个水杯对学生们说："哪个同学可以告诉我你能拿这杯水多长时间?"

学生们听了老师的话，开始七嘴八舌地议论纷纷，有的说"这太小意思了，拿几个小时不成问题"，有的说"恐怕一会儿就累了，拿不了多久"……此时，老师继续说道："这个问题并不难，放在手上拿一会儿就知道了。"

接下来，老师让几个学生分别试了一下，最终的结果都差不多，每个人拿的时间都在十分钟左右不等。试验过之后，老师又说道："你们刚才端着水杯的过程，肯定是先觉得很轻松，慢慢地就会有手酸的感觉，再然后就是整只胳膊感到麻木，直到最后拿不住了。"

这几个学生点点头，听老师继续说："你们只拿了几分钟，可是你们知道吗，有人可以拿一天，甚至更久。"

同学们听了老师的话，感到很是错愕，纷纷表示不相信，便向老师投去疑问的目光。只听老师说：“是怎么做到拿一天的呢？其实并不是一直端着，而是时不时放下杯子，休息片刻再拿起来。你们说，这样是不是坚持一年都没问题呀！”

此时，同学们似乎明白了老师的用意，纷纷点头表示认同。

这个案例的用意在于告诉人们，我们通常被压力压得喘不过气来，并不是因为压力本身有多大，而是我们根本不明白压力来自何处，只是一味地去承受。只有了解压力的本来面目，我们才能得以权衡自己的抗压能力。

一位管理人士曾说过这样一句话：“人生活在世界上，每天都像动物一样在大草原上猎食，有时丰收，有时失败；有时自己跌倒，有时看到别人跌倒，但是这其中最大的不同，就在于这个人多快才能站起来。”所以说，我们只有让自己尽快从压力中解脱出来，才能摆脱苦闷，我们也只有具备了乐观的生活态度，才能适应时代的变迁，走出只属于自己的优雅的步伐。

既然压力不可避免，那么我们何不让自己享受这份压力，在压力中历练自己，让自己变得越发成熟而有魅力呢？

挫折，职场成功的前奏曲

任何人都不愿意遇到工作中的挫折，顺风顺水、平步青云是几乎所有人的梦想。可是，甘瓜苦蒂，物无全美，更何况是每天要面对繁杂的人和事的职场呢！

换言之，只要我们活着，只要我们以一个职场人的姿态站立在这个残酷的环境中，我们就逃脱不掉和挫折的“缘分”。

诚然，挫折带给我们不快，让我们忧心忡忡、压力骤增。但我们也要知道，倘若在挫折面前不重新站立，那么我们就很可能被挫折打败，从此一蹶不振。到那时，别说是快乐，恐怕连在职场上混迹的机会都没有了。

因此，我们要正确看待工作中遭遇的挫折，甚至磨难。我们先来看一下褚时健的案例：

1928 年，褚时健出生在一个农民家庭。27 岁那年担任了云南地区行署人事科科长。31 岁时被打成右派，于是，褚时健带着妻子和唯一的女儿下农场参加劳动改造。待“文革”结束之后，1979 年褚时健接手玉溪卷烟厂，担任厂长。当时，玉溪卷烟厂已经濒临倒闭，而 51 岁的褚时健，义不容辞地担当了此份重任。

在褚时健和他的团队的不懈努力下，18 年后的玉溪卷烟厂已经成为亚洲最大的卷烟厂，也成为中国的名牌企业。此时的名字改作“红塔山集团”。褚时健本人也被称作烟草大王。他的企业成了地方财政的主要支柱，18 年时间里共为国家创税收 991 亿元。

然而，就在褚时健红透全中国的时候，却迎来了人生中的一个巨大的坎儿：1999 年，71 岁的褚时健因为经济问题被判无期徒刑（后来改判有期徒刑 17 年）。

由风云人物沦为阶下囚，这不得不说是褚时健的灭顶之灾。而更为致命的是，他的妻子和女儿早在三年前已经先行入狱，唯一的女儿在狱中自杀身亡。

这场人生的游戏是何等的残酷，一般人想到的是：此时这位风烛残年的老人在晚年遇到这样的不幸，只能在狱中悲凉地苟延残喘度过余生了。

3 年后，褚时健因患有严重糖尿病，几次晕倒在监狱里，后来被保外就医。经过几个月的调理后，褚时健又开始了他的“职业生涯”，去哀劳山种田，后来他承包了 2400 亩（160 公顷）的荒地种橙子。这时候的褚时健，已经是 74 岁高龄。

褚时健带着妻子进驻到荒山里头，做了一个地地道道的农民。经过几年的努力，褚时健把荒山变成了果园，而且他种的冰糖脐橙在云南 1 千克 8 块钱你都买不到，原来这些产品一采摘就被运往深圳、北京、上海等大城市，效益惊人。因为褚时健卖的是励志橙。

当年管理烟厂的时候，想到烟厂上班的人挤破头；现在管理果园，想去他的果园干活的人也同样挤破头。2013 年，这个已经 85 岁的老人，从跌落的悬崖下爬起，书写着令人惊叹的人生历程。

通过褚时健的案例，我们不难感受到：失败固然是令人沮丧的，但是我们也不能被失败一棍子打死。因为在经历失败带给我们的痛楚之后，我们的内心会经过一番新的洗礼，我们会更加成熟、更加睿智地看待我们所遭遇的挫折。

如此说来，我们还有什么理由不感恩挫折呢？

看看古往今来那些有骄人成就的仁人志士，他们大都能够直面人生的困苦，并战胜人生的挫折，最终给世人留下永恒的记忆。

“山重水复疑无路，柳暗花明又一村”是陆游的路，在人生的挫折面前，他是如此的自信；“千磨万击还坚韧，任尔东西南北风”是郑板桥的路，当面对挫折，他能秉持如此豁达的态度和坚毅的品质；“苦心人，天不负，卧薪尝胆，三千越甲可吞吴”是越王勾践的路，对于挫折，他学会了蔑视，学会了坚强……事实上，任何一个人，在自己的职业生涯乃至人生旅途中，都会经历挫折。面对挫折，我们只有具备百折不挠的意志，才能跨越挫折所布下的障碍，让自己的职场旅途由天堑变为通途。

抗挫复原力，职场人必备的“独门功夫”

每当感受到工作中的压力时，我们就希望这压力赶紧过去，好让自己轻松起来，甚至希望永远不要有压力，那样的工作才是开心愉悦的。

可是心理学上认为，当一个人精神上总是处于放松状态，丝毫感受不到压力的话，不见得是好事。相反，当我们的身体和心理能够感受到适度的精神紧张和压力，反而能激发我们内在的潜能，让我们迸发出意想不到的超能量。

一位心理专家表示："虽然我们常常谈压力色变，但要想让事情向自己希望的方向前进，虽然压力太大了不行，但一点压力没有同样不行。因为前者会让人产生过重的心理负担，后者则会大大提高做事的效率。实际上，人最好的状态就是保持适度紧张，张弛有度。"

3 年前，范亚刚从职高毕业后，进入一家电器公司做业务员。由于缺乏经验和行业的竞争激烈，每个月范亚刚的收入也就只够勉强维持生活。可是，3 年后的范亚刚却全然不是当初的模样，他在这座二线城市贷款买了房子和车，日子过得有声有色。

那么，他是怎么做到的呢？

这无不来源于范亚刚在工作上的勤奋努力。从投入工作之初，范亚刚就在一点点的实践中寻找最有效、最科学的销售方法。为此，他在业余时间看了很多相关的书籍，并且细心观察周围同事们在工作过程中运用到的好方法。同时，范亚刚还为自己制订了每天、每周、每月的拜访计划和业务完成计划。如果没有完成，他绝不"收工"。另外，他还把业绩好于自己一些的同事作为"目标"，告诉自己一定要赶超他们。

就这样，范亚刚一直让自己保持在适度紧张的状态里，让自己背负着适当的压力，然后一步一步地努力实施自己的计划，实现自己的目标。

经过短短 3 年的打拼，范亚刚已经成为全公司的年度销售冠军，让同事们羡慕，也引起了领导们的关注。当然，范亚刚的"荷包"也越发地鼓胀了。

从这个故事中可以看出，范亚刚的成功正是源于这种时刻让自己处在紧张中的努力。

我们都知道这样一句话："生于忧患，死于安乐。"其实，成功和梦想对于每个人来讲，其比例都是相当的，之所以大部分人处于平庸的状态，很重要的一点原因就是周围的环境给其带来了太多的安逸。在这种安逸状态下，很多人开始放松自己、满足现状、固守平庸。而与之不同的是，那些最终取得很高成就的人，他们常常是在每天的工作和生活中，给自己适度的压力，让自己在忙碌中有紧迫感、危机感。也正是这些特有的紧张和压力，使之激发出了潜在的能量，帮助其实现了理想，获得了成功。

> 据动物学家观察发现，在某优良牧场时常有狼群出没，经常吃掉牧民们的牛羊等牲畜。为此，牧民们向政府提出求助，希望政府想办法把狼群清理干净，让他们的牛羊等都能够高枕无忧地生长在这片土地上。
>
> 政府大力配合，很快便做了处理。狼没有了，牛羊等牲畜的数量增加得很快，见到这一大好趋势，牧民们非常开心，认为当初预期的设想实现了。
>
> 可是，让牧民们没有想到的是，很多年之后，他们所饲养的牲畜的繁殖能力大大下降，而且还体弱多病。此时的牧民们才明白过来，失去了天敌，牲畜们生存和繁殖的基因也退化了。
>
> 为了让牲畜恢复原来的状态，牧民们又请求政府引进野狼……

我们在上生物课的时候，都会学到生物链。其实，狼和牧民们的牲畜正是生物链的一个组成部分。在这一段链条上，它们互相影响，互相牵制，才能保持生存和发展的平衡。同时，这个案例也告诉我们，一旦放松过头，势必会产生负面影响，让我们的敏锐度、警觉度以及思考能力都有所退化。所以说，虽然我们一直提倡在重大事情面前，应把自己的心理调整到放松的状态，但是放松并不等于无动于衷。要知道，人们在重大事情前需要适度的紧张，这样大脑才能够在紧张的情绪中保持机体的生机与活力，才能更好地做事情。

承受磨难，越挫越勇才是好员工

职场中，有少部分员工常常无法按时保质保量地完成任务，若问其原因，他会理直气壮地给出理由："这太难了，一点办法都没有""我能力有限，实在没办法""唉，我太倒霉了，做点事情竟遇到麻烦了……"

总之，他们不是认为自己没有好的机遇，就是认为父母和家庭没能给自己提供一个好的平台，或者动辄责怪他人，总觉得别人对不起自己。在他们看来，老板安排自己去做一个"不可能完成的任务"，根本就是跟自己过不去，上司责备自己事情办得不够完美漂亮，一定是妒忌自己的才能……

其实，这些人是没有担当的人，他们是在推卸自己的责任，为自己找借口。机遇不是别人给的，是靠自己去争取的；父母没让你成为"富二代"，但是却把你培养成人，你完全可以通过自己的努力走向成功；老板没给你好差事，上司认为你做得不够好，你有没有问过自己对工作是否尽职尽责了？

要知道，在职场上，没有人能随随便便成功，借口再多，也增加不了业绩，提升不了个人价值和能力。对工作中的责任不能勇于担当，而是一味寻找借口，不仅不能达成职场愿望，还会逐渐沦落为无人喜欢的办公室里的"害群之马"，会破坏整个团队的良好气氛，任何一位老板都不喜欢自己的团队里有这种人存在。

记得前些年，在一次国家队科技进步奖的评选中，联想集团的汉卡被评为国家科技进步二等奖。按理说，这个奖项已经很不错了，可联想的老板柳传志却认为，从所创造的经济效益和实现的产值来看，联想汉卡已经达到了一等奖的要求，但因为它是一块卡，所以容易给人留下技术含量不高的印象。

他对公关部经理郭为说："我不要二等奖，我要一等奖。交给你一项任务，把二等奖变成一等奖。"

变更不是件容易的事。在专家组 50 名专家中，要有 10 名专家联名要求复议，然后再开大会，其中 2/3 的专家同意这个复议，才能够变更为一等奖。而且当时，评选的结果已经在《人民日报》上公布了，从技术角度上说，这件事情的难度无异于将狗的名字换作猫。

若换作其他人，可能会很生气，抱怨老板贪心，抱怨老板把烫手的山芋扔给自己。再说了，媒体都公布结果了，还能改变吗？但是，郭为没有拒绝这个任务，也没有丝毫抱怨，他对自己说：“就当是一次锻炼好了，看自己到底能做到什么程度。”

郭为不敢直接去找专家，他担心自己被专家误会“走后门”而弄巧成拙。他首先想到的是借助媒体的力量，比如中央电视台有广泛的影响力，不妨在这样的媒体上宣传一下联想汉卡，这样就能够引起那些专家的重视。

过了一段时间，郭为认为时机到了，他便开始一家一家地登门拜访那些专家，请求他们到公司去，由工作人员再一次给他们展示联想汉卡。就这样，郭为一个人攻下了10个人。

最后，10名专家联名，50个专家开会，联想汉卡拿下了国家科技进步一等奖。郭为自然也得到了柳传志对自己更多的欣赏与重用。

借口任务太困难是没有担当的表现。实际上，困难就像弹簧，你强它就弱，你弱它就强。当工作上遇到困难时，很多人不是想办法解决，而是习惯找“工作太难，一点办法也没有”的借口推脱自己的责任，安慰自己的畏难心理。这是典型的鸵鸟心态，不敢面对困难，不敢正视责任，这种人永远不会成为优秀的员工。

不可否认，在工作中会遇到很多困难，有时候甚至看似毫无解决办法。但是面对困难，如果选择一味地逃避责任，不敢挑战自己，不敢迎难而上，是无法激发自己潜力、取得大成就的。如果缺乏面对困难任务的责任心，就无法高质量地完成领导交付的任务，还会打消工作的积极性和创造性，对工作敷衍了事。这种做法，只能导致一个结果：工作做不好，得不到重用。

实际上，很多时候困难是与机会为伴的。在工作中员工应该抱着负责的态度，充分认识到工作中各种困难的积极作用，把克服困难当成锻炼自己能力、促进自己发展的契机，这是彻底消灭“工作太难”借口的一个很重要的方法。海尔集团首席执行官张瑞敏说得好：“不是因为有些事情难以做到，我们才失去了斗志，而是因为我们失去了斗志，那些事情才难以做到。”

表 1　　态度与效果的关系

	态度	做法	结果
面对困难	找借口	敷衍了事	不受重用
	想办法	实现目标	受到器重

带着责任心去工作，不是一句口号，而是一种务实的态度。怀着这样的心态做事，才能够对工作中的困难不逃避、不退缩，在困难面前才不会再找“这太难了，一点办法也没有”这样消极的借口。勇于承担自己的责任，才能够开动脑筋，想出更好的创意，发现别人难以发现的问题，做到别人难以做到的事情，进而让老板发现你的才能，最终实现自己的目标。

如果你总是逃避责任，遇到困难就找借口退避三舍，不敢承担，那么老板自然会认为你没有担当，这样一来晋升之路也就被自己堵死了。老板给员工安排工作，并不是天马行空，老板会参照员工的能力来确定任务，他不会给你一个远远超出你能力之外的任务，白白浪费人力、物力的。既然让你去做，老板就觉得你能做好，即使有困难，通过你的努力也应该能够完成，因此，找借口逃避困难是殊为不智的。试想：如果你是领导，一个连本职工作都要找借口逃避的人，你可能将更大的重任交给他吗？

职场上的成功者不需要编织任何借口，因为他们面对困难能为自己的岗位担当起责任，不怕迎接任何大的挑战，勤奋努力地工作，如此，再难的工作任务也能完成。记住：没有过不去的坎，办法总比困难多，与其找借口逃避，不如想个办法再试一次，再坚持一下，也许成功之门就会为你开启。

苦难面前不妥协，就不会成为悲剧的主角

每一个在这个世界上生存着的人类生命，无不需要经历各种悲欢离合的考验，而苦难就是这众多考验当中最为历练人的一种。诚如早些年流行过的一首歌中所唱到的“不经历风雨，怎么见彩虹”。换言之，只有经过一个个磨难，走过一段段坎坷，越过一片片荆棘，才能最终获得新生。

众所周知的《红楼梦》作者曹雪芹，他是我国清代作家，出身官宦世家，少年时过着衣食不缺的富足生活，后来却家道中落，常年连温饱都无法解决。但他并不为恶劣的环境所影响，在自家破旧的墙壁上写下“富非所望不忧贫”的座右铭，最终写出了《红楼梦》这一旷世奇作。还有大家都不陌生的作家、教育家海伦·凯勒，尽管两耳失聪、双目失明，但她没有放弃对美好生活的追求。在老师莎莉文的帮助下，海伦掌握了英、法、德等五国语言，并完成了《假如给我三天光明》等一系列著作，而且她还致力于建立慈善机构，被美国《时代周刊》评为美国十大英雄偶像。

可以说，古今中外的无数事实证明，世界上绝大多数的顶级成功人士也曾遭受过这样或那样的苦难，但他们没有退缩。他们用钢铁般的意志同命运抗争，最终在苦难中获得了巨大成就，为人类创造了无价财富，也为自己的生命创造了辉煌。

关于对磨难的承受，我们身边都有很多例子。在此，我给大家举一例：

有一位年轻人，很小的时候父亲就去世了，他只得和母亲相依为命。等他长到20岁的时候，便开始参加环法自行车比赛，可是成绩并不理想。

24岁的时候，这位年轻人又不幸被诊断出患有癌症，甚至严重到危及他的生命。医生说就算用尽所有的方法去治疗，也只有20%的治愈机会。然而，他却没有被这个危及生命的不幸给吓倒，他勇敢地面

对病魔，最终获得了那只有20%的治愈机会。

17个月以后，他出乎所有人意料地重返了赛场。从此以后，他在赛场上的成绩便开始遥遥领先。1999—2004年，他连续多次获得环法自行车比赛的冠军。

这个年轻人，就是大名鼎鼎的兰斯·阿姆斯特朗。

高尔基说过："苦难是人生最好的大学。"可并不是所有进过这所大学的人都能够毕业。如果兰斯·阿姆斯特朗在罹患癌症后向病魔妥协，每天被消极悲观的心态笼罩，那么最终等待他的只有在平庸的生活里被病魔吞噬掉的人生。

大作家巴尔扎克也说过："苦难对于懦夫是万丈深渊。"在这个世界上，没有人想做懦夫，但很遗憾，因为实力不济、意志力不坚定，从古至今懦夫总是层出不穷。懦弱使他们一次次掉进万丈深渊，轻则受伤，重则万劫不复。

正在苦难中煎熬的你，是想做一个勇往直前的人，还是做一个退缩不前的人呢？其实，在相同的苦难面前，每一个人都有两种选择：一种是咬紧牙关将其打败，另一种是被其吞噬，过着压抑的生活。那些将苦难打败，走向平坦大道的人会告诉你，苦难并没有那么难以打败，你只要不因为苦难而妥协，那么你的人生就不会和悲剧画上等号。具体来说，你只需在苦难中审时度势，准确把握机遇，做到该出手时就出手，就有可能从苦难中走出来。苦难的尽头是成功，是希望，是财富。

总而言之，苦难应该是上苍对每一个有识之士的考验，任何人想要获得成就，都会受到上苍的"阻挠"。但是，所有的阻挠都是用来激励我们的心志、坚韧我们的性情，以及提升我们所没有达到的能力的。我们所要做的就是，冲破这重重的阻挠，向明天的成功毅然前行！

人可以承认失败，但不能接受放弃

英国剧作家萧伯纳说："对于害怕危险的人，这个世界总是危险的。"

因为无法忘怀过去苦难给自己带来的麻烦，从而十分害怕危险，如此，只会让自己变得越来越脆弱不堪，最后沦落到步步难行的地步。著名作家海明威在《老人与海》里却写过这样一句话：你可以被打败，但不能被打倒。

不用问，假如面对失败，我们总是垂头丧气、一蹶不振，那么到头来只能畏缩不前、一事无成，成功也就永远和我们无缘了。相反，如果我们在失败面前选择坚强，那么我们就会具备继续战斗的勇气和斗志，并最终攀上成功的巅峰。

其实，过去的任何苦难都像“纸老虎”，它不会再对我们的生活造成任何实质的影响，它所能影响的无非是我们的心境罢了。对这句话我们可以这样来看，之所以很多人在一次失败面前再也打不起精神，那是因为他过不了自己那一关。

如果你也曾经因为过去的失败而对生活充满了不安，认为困境无处不在，认为成功和自己无缘，那么不妨转换一下思路，多想一些好的、积极的事情，让自己相信，世界上每天都会有好事发生，自己也会越来越幸运。同时告诉自己：一次失败没关系，两次失败也没关系，我可以被打败，但绝不可以被打倒。

实际上，失败并没有我们想象的那么可怕，它只是给了我们一个机会，让我们更好地认识到自己所欠缺的，从而促使我们为接下来的战斗积蓄更多的力量。

当我们为失败而感到颓丧的时候，不妨想想，这世间到处都是和自己一样刚刚起步的人，任何一个瞬间都是许多种结果的开始。自己怎么能在刚遇到困难和障碍的时候就裹足不前、徘徊不定呢？只要我们能这样考虑，那么就会从暂时失败的低落情绪中走出来，重新唤起前进的信心。

1954 年，年届 55 岁的海明威，以一部不到 6 万字的中篇小说《老人与海》，展现在世界顶级的文学评委们面前，以绝对的优势得到了一致认可，获得了世界文学的最高成就奖——诺贝尔文学奖。从此，海明威成了一位名副其实的世界级文豪。在很多人看来，海明威是个有着让世人瞩目的非凡成就的非凡者，但又有谁能知道他成就的起点是从领悟了人生的真谛后才开始的呢？

海明威生于1899年，出生地位于芝加哥市郊外的橡园镇。父亲克拉伦斯·海明威是这个小镇的一名外科医师，海明威是他的长子。作为一位享有盛名的作家，海明威少年时代的生活作风、习惯、性格以及爱好，完全不是人们想象中的那种文质彬彬的书生类型，而是一个活泼淘气的“野小子”。那时，海明威的父亲爱好到野外活动，他们总是一道去野外搞些打猎、钓鱼、郊游、野餐等活动。入学以后，他几乎参加了所有的体育活动，特别是对橄榄球和拳击的爱好简直达到了如痴如狂的地步，这两项爱好一直保持到晚年他都不曾放弃。

在他毕业的前不久，第一次世界大战爆发了。还在上学的海明威曾几次要求参军，但都由于年龄的限制未能成行。一直到大战末期的1918年5月，才争取到一个以记者的身份参加美国红十字会战地服务队的机会，去了意大利战场的前线。到那不久，他就在一次驾驶救护车过封锁线时被炸成了重伤，后方医院在长达3个月的治疗过程当中，竟从他身上取出了230多块大小不一的弹片，而他当时居然带着这些弹片，将一名伤势更重的意大利士兵背到了救护站。可想而知，这230多块弹片虽说没要了他的性命，但也让他的生命经历了一次生与死的考验。

经过这次生与死的考验后，海明威对生命和人生有了一个全新的认识。在他看来，人的生命是很有限的，也正因为有限，人的生命也就显得珍贵起来，谁能将这有限的生命充分地利用好，让你生命的激情爆发出来，谁就是生命的主人，否则，生命的价值将无从谈起。正是这种顽强的生存意识在他内心的潜在作用，使这位读懂了人生真正意义的硬汉在他的人生旅程上没有任何停顿，而是向着生命的更深远的目标做出了不懈的努力。

1923年出版了个人第一部作品集。1924年出版了个人第二部作品集《在我们的时代里》，该书也荣登1925年度的巴黎十大畅销书的排行榜。1929年发表了他的又一力作——《永别了，武器》。1941年年初，海明威在欧亚大陆上正是战火连天的时候来中国考察，回国后多次发表公开演讲，在鼓舞美国人民声援中国抗日斗争方面起了很大的积极作用。1944年，年近半百的他，随同美国部队开赴欧洲前线进行实地采访，在一次飞机失事中头部受伤，几乎送命。1958年，海明威在美国疗养，此时，他已和高血压、糖尿病等各种顽疾搏斗了近3年的时间。最后他决心主动摆脱病榻上的痛苦折磨，在1961年7月用双管猎枪结束了自己的生命。

可以说，海明威采取的手法是一种消极的自我毁灭的方法。但是，如果我们从海明威的人生观来看，他的选择是可歌可泣的。在他的一生中，他向来是藐视死亡的，他曾无数次和死亡之神奋力抗争，未曾服输过，他用自己的行为来向命运之神证明：自己的命运自己说了算，包括生与死。我们从他的自杀行为中可以更清楚地看到他对人的生与死的无畏态度：活就活得轰轰烈烈，要让你的生命得以充分的燃烧，不能虚度了有限生命中的分分秒秒。在自己的生命已没有了生存价值和意义后，敢于去结束自己的人生旅程，这就是他的人生观。

纵观古今中外，很多人之所以取得成功，是因为他们站起来的次数比他们倒下的次数更多。即使被打倒一千次，也要有第一千零一次站起来的勇气和信心。他们把握住了那万分之一的机会，最终站在山巅上笑看着人生。要知道，这个世界上没有人不曾失败过，不是一些人，也不是大多数人，而是每一个人都体会过失败的痛苦与挣扎。

家喻户晓的英国《泰晤士报》前总编辑哈罗德·埃文斯的一生也非常坎坷，他经历了无数次的失败，其中包括20世纪80年代他对《泰晤士报》进行改革的失败。但是哈罗德却从没有因为失败而沉沦。他说：“在我看来，失败是一件非常正常的事，要想取得成功，就得先跨过失败。”从哈罗德的话中我们可以体会到，成功是蕴含在失败之中的。也可以说，失败是有价值的。因此，当我们面对失败的时候，正确的做法是：勇于面对失败，正视失败，并从中找到真正的原因，然后树立起战胜它的信心，以坚强的意志驱动铸就一步步走出败局，走向成功。

彩虹常在风雨后，守得云开见月明

每一个打拼于职场的人，无不希望自己能够一帆风顺、平步青云，早日高官得坐、骏马得骑。可是我们也都知道这样一句话："宝剑锋从磨砺出，梅花香自苦寒来。"由此可以说，任何的成功都不是件容易的事。这也就是说，我们要想取得工作的成就，感受工作带给我们的快乐，就要学会忍受、习惯，并通过不断的奋斗取得进步和发展。

十多年前，艾思达从一所中专院校毕业后来到北京打拼。但因为是应届毕业生，又没有工作经验，他多次被用人单位拒之门外。尽管如此，艾思达却不想就此罢休，他下定决心要在北京落脚，于是再次投入找工作的大军之中。

这一天，艾思达来到一家广告公司面试，和之前无异，他又一次遭到了拒绝。艾思达很清楚，如果还找不到工作，自己的房租和吃饭都会成为问题。所以，他想无论如何要把这份工作"拿下"。最终，经过他的再三恳求，公司老板最终答应让他留下。但是有个要求，必须熟悉电脑，因为公司都是无纸化办公。

从没摸过电脑的艾思达略微愣了下神，马上回归镇定，称自己会用电脑。但是开始上班之后，老板发现，艾思达对电脑只会个皮毛，于是就请他走人。

事情到这一步，换成一般人可能早就走了，可是艾思达却再次恳求老板让他留下来，只要让他学电脑，他可以每天负责打扫卫生。

老板见艾思达执意要留下来，而且态度这么诚恳，于是就答应了，但提出了看似很苛刻的条件：他必须打扫卫生间，包括刷马桶。

这一次，艾思达毫不犹豫地答应了。他每天都把近600平方米的办公场所打扫得一尘不染，把卫生间打扫得干干净净。等到一天的工作都做完后，他再简单吃几口饭，然后在一边看别人如何操作电脑。晚上等同事们下班都走了，他还在边看电脑书籍，边上机练习操作。

通过一段时间的学习，艾思达已经基本达到熟悉操作电脑的程度了，但他又开始觉得自己缺少专业方面的业务知识。因为通过这段时间的工作他发现，大学里学的理论绝大多数在工作中都用不上，自己要想出人头地，就必须一点一滴地从头学起。于是，他就想到策划总监那里“学艺”。

总监每天忙得不可开交，再说对于这样一个离专业还差很远的新人，不值得他费精力去手把手地教。但是对此艾思达丝毫不介意，时不时瞄准时机给总监端上一杯热茶。细心的他发现总监喜欢下围棋，而艾思达从高中时就是个围棋迷，而且还水平了得。于是，偶尔有机会，艾思达就找总监下围棋。最终，艾思达用他的真诚和棋艺打动了总监，于是总监不惜倾囊相授。

所有这一切都被公司老总看在眼里，之后他开始有意提拔艾思达，让他做文案助理，得到提拔的艾思达更是干劲十足，虽然只是个文案助理，但他会倾尽所能地想出一些好点子，为他所在的项目组起到了画龙点睛的作用。经过两年多的辛勤努力，艾思达顺利当上了策划经理。

看完这个故事，想必很多人会有感慨。艾思达之所以取得了一定的成就，正是因为他能够经受得住“折磨”。这其实对每个职场人来说都是再正常不过的成功路径：经受挫折—不甘放弃—坚韧不拔—取得成就。正所谓“彩虹常在风雨后”，又如古人所言“守得云开见月明”。我们一旦有这种不惧“风雨”和“灰暗”的心态，那么即使在阴暗的环境中，也会快乐地寻找阳光。

说到底，人生不会有轻而易举的成功，职场也不存在永远的天时地利人和。只有那些能够经受苦难和挫折的人，才能真正体会到“梅花香自苦寒来”的真正含义。所以，每一个职场人士，请珍惜自己曾经遇到的磨难，同时也感谢那些给我们折磨的人，没有这些，就没有我们人生的历练，就没有职场上辉煌的成就，也就没有因此而带给我们的快乐了。

耐住寂寞，“冷板凳”终会坐热

我国知名历史学家范文澜先生曾撰写过一副对联：“板凳甘坐十年冷，文章不著一句空。”这句话的意思是说，凡是那些做大学问的、成就大事的人，一定是能够坐得住冷板凳的，也就是能够耐得住长期的寂寞的。可是，综观当今时代，无论是生活还是职场中，我们却常常遇到很多情绪躁动、愤世嫉俗的人，和前人相比实在相距甚远。

人们之所以如此，想必是因为难耐长时间的寂寞，于是感到清苦，感到无聊，感到孤寂。在这种情绪状态下，人就会很自然地向往灯红酒绿的繁华，向往车水马龙的热闹。可以说，在当今浮躁功利的社会，能耐得住寂寞的折磨，守住自己心的人更是少数。

一位名叫薛瓦勒的法国乡村邮差每天徒步奔走在乡村之间。有一天，他在崎岖的山路上被一块石头绊倒了。

他起身拍拍身上的尘土，准备再走，可忽然发现绊倒他的那块石头样子十分奇异。他拾起石头，左看右看，便有些爱不释手了。

于是，他把那块石头放在了自己的邮包里。村子里的人看到他的邮包里除了信之外，还有一块沉重的石头，感到很奇怪，人们好意地劝他：“把它扔了，你每天要走那么多路，这可是个不小的负担。”

他却取出那块石头，炫耀着说：“你们谁见过这样美丽的石头？”

人们都笑了，说：“这样的石头山上到处都是，够你捡一辈子的。”

他回家后疲惫地睡在床上，突然产生了一个念头，如果用这样美丽的石头建造一座城堡，那将会多么迷人。于是，他每天在送信的途中寻找石头，每天总是带回一块，不久，他便收集了一大堆奇形怪状的石头，但建造城堡还远远不够。

于是，他开始推着独轮车送信，只要发现他中意的石头，都会往独轮车上装。

从此以后，他再也没有过上一天安乐的日子。白天他是一个邮差和一个运送石头的苦力，晚上他又是一个建筑师，他按照自己天马行空的思维来垒造自己的城堡。

对于他的行为，所有人都感到不可思议，认为他的精神出了问题。

20 多年的时间里，他不停地寻找石头、运输石头、堆积石头。在他的偏僻住处，出现了许多错落有致的城堡，当地人都知道有这样一个性格偏执、沉默不语的邮差，在干一些如同小孩子筑沙堡的游戏。

1905 年，法国一家报纸的记者偶然发现了这群低矮的城堡，这里的风景和城堡的建筑格局令他叹为观止。他为此写了一篇介绍薛瓦勒的文章，文章刊出后，薛瓦勒迅速成为新闻人物。许多人都慕名前来参观城堡，连当时最有声望的毕加索也专程来参观了薛瓦勒的建筑。

这群城堡成为法国最著名的风景旅游点，它的名字就叫作“邮差薛瓦勒之理想宫”。

在城堡的石块上，薛瓦勒当年的许多刻痕还清晰可见，有一句就刻在入口处一块石头上：“我想知道一块有了愿望的石头能走多远。”据说，这就是那块当年绊倒过薛瓦勒的石头。

因为不被允许葬在自家后园的理想之宫，78 岁的薛瓦勒又花了 8 年的时间，为自己在当地公墓的空地上建起一座宫殿。在这座宫殿完成后的第 20 个月，1924 年 8 月 19 日，薛瓦勒平静地走完了他的一生……

它是世界现代艺术史上一件独特的艺术品，是邮差薛瓦勒用他在乡间往返途中收集的天然材料花费了长达33年（1879—1912年）的时间修建的建筑物，里面既有伊斯兰教的清真寺，也有印度教的神殿，有亚当和夏娃，还有耶稣基督。法国邮差薛瓦勒的石头城堡——又称“邮差薛瓦勒之理想宫”，法国最著名的风景旅游点之一，1969年被批准成为了文化遗产。

这个故事告诉我们，只要认准的事情就坚持做下去，哪怕迎来别人的不解和嘲笑。

其实，对每一个人来说，寂寞都算得上是一种辛苦的考验，面对寂寞，有的人能够做出惊人的伟业，有的人却成了寂寞的俘虏；寂寞也是一种坚守，面对寂寞有的人能够坚守精神的底线，有的人却成了道德的叛徒；寂寞又是一种修炼，面对寂寞有的人能够感悟出人生的真谛，有的人却跌入了地狱的深渊。

然而，无论对谁来说，寂寞都可能是人生中难以摆脱的东西。生活在贫苦的山村会感到寂寞，可生活在繁华的闹市也同样会寂寞。可以说，寂寞就像我们生活中的喜怒哀乐一样，陪伴在我们的身边。

对此，一位心理学家表示：“既然如此，我们与其备受寂寞的煎熬，不如正视寂寞，耐得住寂寞。其意义在于：能够守住精神的底线，安静躁动的心神，熨帖狂乱的灵魂。在寂寞中默默耕耘，凭借一己良知和理性，严格地塑造、鞭策并完善自我。”

从这个角度来说，寂寞并不全然是一种坏事。它带给我们情绪上的失落、孤单的同时，也带给我们坚忍、努力的毅力和奋斗精神。不妨看看古人，他们不但没有在寂寞中沉沦，反而因为寂寞而成就了崭新的足迹。在寂寞中，屈原悲悯浮生，坚持“举世皆浊我独清”，所以他的《离骚》有着博大的胸怀和高远的境界；在寂寞中，李清照寄托哀愁，才有了卓绝千古的绝唱，其遒逸之气，俯视巾帼，压倒须眉；在寂寞中，鲁迅先生心系民众苍生，所以他对敌人能够“横眉冷对千夫指”，对人民却又“俯首甘为孺子牛”……

如此看来，寂寞又怎么能算是坏事呢？

我们知道，大凡成功者都是寂寞而执着的。在虚浮人生中，耐得住寂寞，这是一种难能可贵的沉稳风范，是一个人淡泊明志的良好修养，更是人生的一种自我超越。静中念虑澄澈，见心之真体，这是生命真正成熟的重要标志。

在当今这个充满喧嚣而浮躁的社会里，我们要想让自己取得职业乃至理想中的成就，就应该懂得品味寂寞，并学会运用寂寞，遇到麻烦不浮躁，压力面前不退缩，在寂寞中冷静思考人生的方向，并不断提升生命的价值。如此，便终会有那么一天，我们会将曾经的“冷板凳”坐热，让自己舒展身体，向世界说一声：没有什么不可以！

制造业大学毕业生群体面临的局限性

或许你现在背井离乡，生活过得马马虎虎，拿着四五千元的月薪，有电视看、有电脑玩，偶然还可以出去旅游一次，你也挺满意这种状态，但是未来在哪里？每年，制造业都会吸纳很大一部分大学毕业生，当他们庆幸找到工作，对未来充满憧憬的时候，他们的前辈——已在制造业内打拼了几年的师兄师姐们——却怀着深深的忧虑，他们不知道未来会怎样？他们不知道何时会被抛弃？他们面临多种局限性。

1. 职业生涯的“O”形路口

不管何种企业，大学毕业生进入其中从事研发、业务、生产、采购、人事等工作都要从零学起。两三年过去了，这些大学生的职位会从储干、技术员、工程师慢慢做到主管，月薪也从三四千元变为七八千元。看起来有着不错的职业发展，然而事实上他们中大部分人的职位会停留在工程师及主管这个阶段，月薪也会停留在五六千元左右，之后再难有进展。从主管至经理，月薪发展到万元以上对绝大多数大学生来说是很难实现的。当大部分人在前进的道路上停留下来后，他们就将在职业生涯的

“O”形路口无休止地循环，看不到尽头，当尽头出现之日，很可能就是他们被抛弃之时。

2. 大多从事技术含量低的工种

一个公司中，最有技术含量并创造最大利润的是研发部与业务部，但制造业公司往往都只是一个代工车间。那些外资企业，他们的研发、销售中心都放在国外，中国的公司仅仅只是作为产品制造环节。虽然这些公司在国内也设有研发中心和销售中心，但产品的原创设计都在国外完成，国内的研发人员只是接收图纸，然后安排开模，将产品生产出来。这种情况下，国内的研发工程师更确切地说只是一个产品实现技术员，至于设计方法、设计理念、工程技能和他们关系不大，他们也很难掌握真正的核心技术。外企在国内设立的销售中心功能更加单一，主要是接收国外业务人员转过来的制造订单，并跟踪订单完成情况确保出货，销售技巧、营销手段、市场开拓等都与他们绝缘。

其他与产品制造有关的如生产、品管、生管、采购等职位，其中的技术含量或者说从业人员的价值更低。技术含量低则意味着门槛低，门槛低则意味着不可替代性低，不可替代性低则意味着被淘汰的可能性高。在企业中，生产、品管、生管、采购人员被老板炒鱿鱼是最多的，你上午还在上班，或许下午人事就通知你离开。制造业公司的人事部每天做的就是致力于招人，或者说低工资招人，而不是致力于留住人，因为人才市场上有的是价廉物美的新毕业生。当年，你花了一年左右的时间就能轻松胜任所担任的职务，那么你的师弟师妹凭什么就不可以呢？尤其是在外资企业，他们往往以每月1000多元的工资招募一个大学毕业生，两年后，当他的工资需要增长时，将其换掉，再招一个毕业生，如此往复循环，将人力成本控制到最低。这些企业的核心竞争力就是廉价的劳动力成本。

3. 跳出制造业进入新的行业相对困难

老话说“男怕入错行”，入行后想再转行的难度显而易见。当你进入制造行业，再转入其他行业的可能性极低。你只能在这个行业内转，如果哪天离心力过大，被甩出圈子，那将是一切悲剧的开端。当城市产业升级，人到中年的你又如何自我升级？当工厂搬迁，拖家带口的你难道又开始候鸟迁徙？当公司关闭，已显富态的你难道又开始奔走在各个人才市场，忍受着招聘人员的白眼和无奈，与那些刚走出学校的大学生竞争？

4. 培训提升机会少

制造业公司普遍缺乏培训提升机制，处在公司中层的大学生在公司里并没有不可替代的作用，高层职位有限且要求很高，后来者中又有很多优秀者，在整个人才需求不断扩大的情况下，新求职者的期望下探，中间层处在前无进路后有追击的尴尬之中，看起来失去自己生存空间的日子并不遥远。长江后浪推前浪，前浪恐怕真的只能死在沙滩上了。要知道你并不是处于一个大锅饭或者铁饭碗的行业，逆水行舟，当不利的环境出现时，你是否能确保被抛弃的那些人中必定没有你？

5. 与世隔绝的社会生活

人是社会化的生物，和前程黯淡相比，与世隔绝的工厂生活更能使人自卑与绝望。你努力挣扎向上，想脱出现有的阶层，最终发现是那么的无力，而年华却已老去。当你走出大学进入工厂，你会发现自己的生活世界是那么狭小，你的活动范围基本是工厂、出租屋、超市。你和生产线上那些天天重复同一个工作的普工并没有什么区别。除了上班和睡觉，你最重要的活动就是去超市购买所需的生活用品。其他的社会生活最多也就是与同事打牌、喝酒，你建立不起自己的社会资源。你孤身一人在外地打拼，身边没有亲人，只有一帮同病相怜的同事，当你需要帮助的时候，需要维护自己的权益的时候，身边的人都无能为力。你的生活圈是那么的狭窄，人际交往显得那么苍白。有一天，你离开了现在的工厂去到另外一个地方，现有的同事、朋友都会失去联系，你需要在新的公司重新来过。那无奈的漂泊注定了总是在重复地画着大小不一但形状相似的圈。

在这种生活状态下，婚姻成为很多大学生不敢面对的问题。你的生活圈决定了你交际的人大多和你一样，大家同病相怜，没有能力去摘取爱情的果实。工厂里30岁左右的单身贵族比比皆是，不是不想结婚，是找不到结婚的人，是不敢面对没有房子的婚姻，是不敢去想孩子的抚养问题，是不敢承担那贫贱夫妻百事哀的未来！

6. 孩子教育与照看父母的纠结

其实最纠结的是孩子的入学以及对父母的照顾。你只是暂住在本地，你的孩子没有权利上那些好的公办学校，或者说你没有能力交那么大一笔的赞助费，而民办学校的教学质量又不能让你放心。毕竟，读书是你能想到的唯一能改变自己孩子未来的救命稻草。你只好无奈地将你年幼的儿女送回老家，回到爷爷奶奶身边成为留守儿童。每周打电话是你最开心的时刻，在外的苦累在孩子的笑声中都会消融。你在心里默默祈求上苍，让自己的父母和孩子平平安安、无病无灾。任何一点风吹雨打就可能让你刚刚起步的家陷入泥沼。你每年只能回家一到两次看一下逐渐老去的父母和日渐长大的孩子，因为没有假期，因为没有存款，因为路途太远往返不便，因为所有的因为。为了生存，你离开生活了20年的家乡，但在他乡却无力构建一个属于自己的家，如同水中浮萍，没有根，心也不能降落。

此时，你可能会扪心自问：明天在哪里？

来到城市的大学生对未来最大的期望是能走出父辈贫苦生活的轮回，让自己进入一个更高的阶层，为下一辈创造一个更好的起点。但当你已年入不惑，自身可以贩卖的价值已所剩无几，而城市却不再需要你的时候，你难过落魄地回到老家，让你的儿女从你二三十年前的起点重新出发，再画着一个和你一样的圆？作为大学生的你无力改变自己的命运，难道你能保证你的下一代能顺利地考上大学并改变命运？经济改革的初期、扩招后大学生毕业的初期、经济处于上升周期等这些都极易让找到工作特别是较满意工作的你麻痹，你极易停下自己前进的脚步，但15年、20年后，情况还会和现在一般乐观吗？失业真的是那么遥不可及吗？当它来临的时候，你将发现你被整个世界所抛弃！当你40岁左右的时候失去工作，没有任何收入来源，你将如何面对年迈的父母、苦难相随的伴侣、十七八岁的孩子？

如果你现在感觉很触动、很现实，那么不妨好好地静下心来想想自己的未来在哪里，自己是愿意拿着几千元的工资安稳地如现在这样生活着，还是有自己的理想，并为了理想拼死一搏？此时的你不妨想想表2中的这几个问题：

表2　　大学生群体面临的问题解读

问题	解读
我的理想是什么	也许很多职场年轻人并不知道这一点，感觉很盲目，但问问自己的心，你会得到最真实的答案
我下一个目标在哪里	当第一个问题被你考虑清楚了之后，那么紧接着就是第二个问题了，目标是你拟订计划的开始
我有能力做什么	这对每一个职场人士来说，都是一个至关重要的问题。当你的理想和目标都十分明确了之后，那么你只需坚持不懈地向着自己的理想和目标走去便可以了

我的工作，我负责到底

如果一个员工遇到问题，不是积极主动地去寻找解决方法，而只是一味地寻找借口去转嫁或者逃避责任，那么要么是这个公司的内部管理出现了问题，要么就是这个员工自身的人品问题。

毫无疑问，一个人总是千方百计为自己工作中的错误找借口，那他自然就会对工作疏于努力，更不会就工作中出现的问题去思考和反省，当然就更不会去想办法。这种只找借口不找方法的人自然不会受到你公司的重用，当公司出现经营问题的时候，率先被开除的也只能是他们。

对于爱车人士都不陌生的著名V-8福特汽车在制造的时候，其创始人亨利·福特给工程师提出了这样一个要求：马上设计和制造出一个内附8个汽缸的引擎。这个突破先例的做法让设计师们陷入了深思。其中有一名工程师思前想后，觉得怎么也不可能在一个引擎中装设8个汽缸。于是，他对福特说："我认为您的要求简直是'天方夜谭'，根本无法实现，根据我多年来的知识和经验判断，这是不可能的事。我可以跟你打赌，如果哪个人能设计出这样的引擎来，我宁愿放弃一年的薪水。"

听了这位工程师的话，福特先生没说什么，只是点了点头，答应了他的赌约。在福特看来，虽然目前世界上还没有出现这样的引擎，但只要多下些功夫加以分析和改进，应该是可以设计和生产出来的。

随后，工程师们展开了大量的收集、整理和分析工作，那位表示不可能的工程师放弃了参与整个过程。最后，在一干人等大量的研究、实验和论证之后，奇迹出现了。8个汽缸的引擎不但被设计成功，而且很快就正式生产了出来。

这时候，那位工程师表示愿赌服输，履行自己的赌约，放弃一年的薪水。

然而，福特先生则严肃地对他说："你不必放弃你的薪水了，领走吧，另外我觉得你并不适合留在福特公司工作了。"

其实，那位工程师在其他方面的表现一直都不错，只不过因为他太过自以为是，仅仅凭借自己现有的经验就妄下结论的做法，让福特对他的做事风格产生了怀疑，也就不愿再任用他了。

事实上，失败的人之所以陷入失败，是因为他们把自己的"智慧"都用来寻找各种理由或者被现有的知识蒙蔽了自己的双眼，糊弄工作或者放弃工作。当然，主动解决别人回避的问题，是需要勇气的，因为没有人能保证最后的结果会怎样。但是如果不去解决，问题会一直在那里，成为公司发展的恶瘤。

面对问题和困难，那些负责任的员工只是想着必须要想尽一切办法来解决。因为在他们心中，解决问题就是他们的责任。

作为知名演说家的霍金斯经常需要到各地参加演讲。但为了方便行动，他通常不能随身携带太多的演讲材料。为此，公司专门安排了一个人及时把他的演讲材料送到客户手中。

有一次，霍金斯要在一个演讲活动中担任主讲人，出发前他给办公室里那个负责材料的秘书打电话，询问演讲的材料是否能及时送到客户那里。秘书再三保证说没问题，在好几天前就已经把东西送出去了。

霍金斯接着问道：“他们收到了吗？”

秘书回答道：“应该收到了，我是让联邦快递送的，他们保证两天后到达。”

然而可惜的是，事实很令人沮丧，客户的确是拿到了材料，但由于每天收到的材料太多，客户并没有意识到这份材料的重要性，只是随便放在了一旁，等到用的时候却找不到了。

可想而知，那会是怎样一次并不理想的演讲。

毫无疑问，如果那位秘书能再负责任一些，在快递送出的时候再跟踪一下此事，与客户落实一下他们是否收到材料，让客户意识到材料的重要性，就不会发生这样的事了。因为此事影响很坏，公司为霍金斯先生又安排了一个新秘书。巧的是，霍金斯先生又要到上次的客户那里演讲。

出发之前，他问现在的秘书：“我的材料寄到了吗？”

“已经寄到了，客户 3 天前就拿到了。”秘书说，“只是我给她打电话时，她告诉我听众会比原来预计得多 300 人。不过您别担心，多出来的部分我已经做了相应的准备，之前我跟客户联系时，他们对具体会多出多少人也没有准确的预计，因为有些人可能会临时入场。为了保险起见，我寄了 500 份资料，多出来的 200 份作为保底。还有，对方问我您是否需要在演讲开始前让听众手上拿到资料。我告诉客户那边的相关负责人，您平时都是这样的，但这次是一个新的演讲，所以我也不能确定，我要先征求您的意见。客户决定在演讲前提前发资料，除非我在演讲之前明确告诉她不要这样做。我这里有那位负责人的电话，如果您还有别的要求，今天晚上我可以通知她。”

秘书的一番话，让霍金斯彻底放心了。

可见，这位新上任的秘书做到了“我的问题，我负责到底”。但是实际上，霍金斯并没有要求她咨询得那么详细，沟通得那么彻底。可是就因为她的负责到底的态度，把可能出现的问题都考虑到了，并且在上司询问之前，自动自觉地把所有问题都解决好，不为问题“留尾巴”。正是这样的负责任的态度，为霍金斯节省了很多的时间和精力。这样的员工，有哪一个老板会不喜欢呢?

身为职场人士，如果我们每个人都能像霍金斯的第二任秘书那样，认真地履行自己的职责，并勇于承担各种各样的问题，那么老板及公司的工作开展起来就会顺畅许多。这样的公司也将无往而不利，这样的团队也将无往而不胜，这样的员工也将无所而不能。

提升篇

第三章　丢掉抱怨恶习，注入积极基因

——让阳光照进心灵，从情绪的奴隶转变为情绪的主人

第四章　驱散心灵“雾霾”，提升快乐竞争力

——改变心态，给自己注入正能量

第五章　幸福在于把握，主动让幸运敲门

——尽管去做，消极时代要有积极人生

第六章　注重人际交往，舒缓职场心情

——摒弃私心，做一名会合作的好员工

第三章　丢掉抱怨恶习，注入积极基因

——让阳光照进心灵，从情绪的奴隶转变为情绪的主人

我的情绪我做主，告别恐惧会轻松

曾经有一部青春励志电视剧，名字叫《我的青春我做主》，讲的是一些年轻人想要摆脱家长“束缚”，追求独立和自我的故事。

可你是否知道，要想成为一个真正独立的、有思想和智慧的个体，要想在生活和职场上进展顺利，那么我们就要做到“我的情绪我做主”。因为一个不能为自己的情绪做主的人，常常会产生一些冲动的言行，那样势必对其所处的人际关系产生不良影响。这样的人，是不太容易受到别人的欢迎的，想要成功则更是难上加难了。

事实上，从心理学角度分析，那些情绪容易失控的人，并不是他们愿意发脾气，或者天生就冲动，而很可能是他们内心存在某种恐惧。这让我想起著名作家王小波说过的一句话：“一个人的愤怒是对自己无能的恐惧。”所以不难判断，很多人在很多时候出现冲动、愤怒等看似不可控的情绪状态，很可能是出于内心的恐惧感。

可以想想看，我们几乎每天都谈到压力，会说“从来没接手过这样的大案子，我太紧张了”“这次的任务很繁重，我不知道能不能做好”“利息又上涨了，每月还银行的房贷又要多出来不少”……这些常常出现于我们口中和耳边的话，是不是都体现了由于恐惧而产生的压力？但是，如果我

们能够从心理上强大起来，平静地接受自己必须面对的事实，那么压力是不是也就减轻甚至消失不见了呢？就像有一句流传很广的话说的那样：我们不能左右天气，但我们可以改变心情。同样的，我们不能左右压力，但我们可以改变心态。当我们真的做到这一点的时候，或许世界会变成另外的样子。

美国的一本刊物中，曾刊登过做石油买卖的丹尼尔的故事。

丹尼尔的生意一直都还不错。但是，俗话说得好，“人有失手，马有失蹄”，有一次，丹尼尔这个“老江湖”因为看错人而被坑了。坑他的这位运货员私自扣下公司发给客户的石油，然后转卖给第三方，从中牟取私利。

然而，还有一句俗语“要想人不知，除非己莫为”，又有说法是“天网恢恢，疏而不漏”，这位运货员的行为被一个自称是征服稽查员的人发现，并掌握了有力的证据。对方对这位运货员说，要检举丹尼尔的公司。但这个稽查员同时又对丹尼尔进行暗示，说只要让他有足够的好处，他就会放他们一马。

在丹尼尔看来，这件事本来和公司没有任何关系，完全是那个运货员的问题。但当时法律规定“公司应该为员工行为负责”。所以丹尼尔担心，万一上了法庭，媒体就会把这件事当成新闻事件来炒作，到头来公司将会遭受名声和生意的损失。

想到这里，丹尼尔万分恐惧，压力倍增，一时不知道该如何是好。他的内心开始斗争：到底是给那个家伙钱，还是不理他，爱怎样怎样？在这种伴随恐惧而来的压力下，他开始吃不下饭，睡不着觉，最后竟然生病住院了。即便到了医院，丹尼尔还是不得安宁，他无时无刻不在思忖这件事到底该怎么办。

然而有一天，当他站在病房的窗前，感受到温暖的阳光照在他身上的时候，他忽然想清楚了这件事。丹尼尔对自己说：就算我的事业会因此被毁掉，至少我不会坐牢。留得青山在，不怕没柴烧，我有这么多年的工作经验，到时候找一份养家糊口的工作肯定不成问题的。

想到这里，丹尼尔一下子轻松起来，然后他试着打电话找一位律师帮他解决办法。当天晚上，丹尼尔竟然睡了个好觉。第二天，丹尼尔跟那位律师面谈了这件事情。

一周之后，丹尼尔接到律师的电话，要他去和当地的检察官见个面，并说可能会有好消息。

丹尼尔连忙去见了检察官，将这件事的来龙去脉都和检察官说了。检察官听后，对丹尼尔说："那个自称是政府稽查员的人是个冒牌货，他实际上是个通缉犯。"

听到这里，丹尼尔的心总算放到了肚子里。他没想到让自己担惊受怕这么久的，居然是一个通缉犯。

看完丹尼尔的故事，我们可以认识到这样的道理：很多时候，压力不过是我们自己的主观感受罢了。换句话说，很多压力和让我们恐惧的事情，本来是并不存在的，完全是我们把它不断地放大，结果让我们的压力和恐惧越大。因此，当我们倍感压力的时候，不妨想想丹尼尔的故事，或许能够让我们尽快摆脱这种恐惧心理。

我们可以像丹尼尔一样，当面临巨大压力时，问问自己：最坏的后果是什么？当这个后果出现时，自己能否面对，能否承担因此而产生的责任？当我们朝这个方向想的时候，可能就没什么值得我们恐惧的了，也就不会感觉到"压力山大"了。到那时，即便面对繁杂的工作，我们是不是也可以轻松快乐地应对了呢？

情绪失控：生命不能承受之重

在平时的生活和工作中，我们常常会在议论起他人来的时候，说出这样的话：这个人喜怒无常，情绪多变；这个人所有的情绪都暴露在脸上；这个人很冷静，内心是喜是忧都不会表现在外；这个人很成熟，不管遇到什么情况，都是一副淡定的表情……显然，这些描述充分体现了是否容易被情绪左右所带给周围的人的感受。

那些容易受情绪控制的人，往往心浮气躁，总也耐不下心来，有点什么事就能让他们非常激动。这样的人给人的感受往往是“不太成熟”，甚至还会让人因为其浮躁的情绪给感染而产生不快。因此，人们大都不喜欢和这样的人交往。相对而言，那些在任何事情面前都能沉着冷静，善于控制情绪的人，往往给人成熟、稳重的感觉，人们对这样的人也就会多一些信任，愿意与之打交道。

其实，凡是那些在事业上和生活上取得成功的人，凡是那些能够给周围人带来快乐的人，都是不会轻易在他人面前表露出诸如愤怒、烦躁、抱怨等负面情绪的，因为他们明白，哪怕自己暴露出一丁点儿浮躁的情绪，就会让喜怒形于色，就会破坏掉自己在他人心中的形象和原来的气氛。所以，当我们因为周遭的环境让自己感觉无比愤怒、悲伤或者激动、兴奋的时候，我们有必要采取一定的措施，让自己的情绪换一种不至于给他人带来影响的方式释放出来，舒缓下来。这样做，不仅有助于树立我们在他人心中的良好形象，而且也利于我们自身的成长、成熟和进步。

接下来，我们不妨看看下面这位宰相的故事：

古代，某国的一位宰相，是个特别沉着、淡定的人，不管遇到什么事，他都表现得不慌不忙、不急不躁。很多时候，国王将这位宰相看在眼里，都感到既可笑又有点讨厌。但因为宰相对于治理国家有巨大用处，所以国王也不好说什么。

有一天，国王正打算外出，突然天降大雨。见此情景，国王备感扫兴。宰相却不以为然地说道：“国王陛下，这可是件大好事呀，等大雨过后，街道就会被冲刷得干干净净，那时候您就可以享受干净的路面和清新的空气了。”国王听了，也没说什么。

还有一次，正外出巡视的国王却赶上酷暑难耐，国王为此非常郁闷。而宰相这时候又说道：“在我看来，这真是一件好事，国王您在这么炎热的天气里出巡，才更能了解百姓的疾苦，您说是不是?”原本国王打算改日再巡视，暂且回去，可被宰相这么一说，如果返回去的话就等于自己不顾百姓疾苦，于是他强忍着一股无名火，继续巡视。但国王在心里，对这位宰相狠狠地骂了一顿。

之后，又有一次，国王在检查捕猎用的器具的时候，一不小心被斩断一节手指。国王为此痛苦不已，而宰相却毫无同情心地说道：“我认为这是上天最好的安排。”

这一次，国王再也忍不住怒气，他没想到宰相居然是个幸灾乐祸的小人，于是他立即下令将宰相关入大牢，并嘲讽道：“你认为这也是最好的安排吗?”令国王没想到的是，宰相居然回答说“是”。国王更加怒不可遏，恼火地抚了抚袖子，扬长而去。

一段时间过后，国王外出打猎，不小心误入森林深处，被食人族捉住了。当天晚上，食人族准备了柴火，支起了大锅，准备将国王给烹煮了。但是，当食人族清洗国王身体的时候却发现国王少了根手指头，这在他们族内可是大忌，因为他们认为不完整的动物是不祥之物，于是他们烹煮了国王的侍从，并用特有的仪式把国王送出了森林。

国王算是劫后余生，此时他想起了宰相曾说过的话，感觉冥冥中似乎注定了什么似的。于是，国王赶紧去牢里拜见宰相，他激动地说：“没想到，真如你所言，断了节指头果真是一件好事情。”只见宰相笑了笑，回答道：“您把我关到大牢里也是好事，之所以这么说，是因为假如我不在牢里而是像以往那样陪同您去打猎的话，那么受死的就会是我了，因为我是个完整的‘东西’呀!”

此时，国王终于顿有所悟。

通过这个故事，我们可以看出，宰相的淡然正是他的魅力所在，这种淡然也是一个强者所必备的素质。

文学家列夫·托尔斯泰曾经告诫儿子：想要发火时，先把舌头在嘴里转10圈。这句话的意思就是说，人在受情绪控制的时候，容易做出冲动的事，说出一些不计后果的话，做出一些不计后果的行为。等到真正冷静下来，才发现自己之前的做法多么不明智，可是事已至此，也只有追悔莫及。

自古至今，我们极少见到一个冲动莽撞的人能成就大业的。要知道，宠是别人所赐的，辱也是别人所说的，宠与辱都是别人的评价，有什么大喜与大悲的必要呢？其实，所谓痛苦与快乐的力量，就是情绪的力量。如果事情无法控制，那么就泰然处之，万事莫急。只要我们的内心平静如水，那么生活中的纷乱和烦恼就不能再干扰我们了。

可以看出，当我们感到有压力的情绪时，适时地放下压力并好好地休息一下，然后再重新拿起来，才可承担更久。而且还应学会把压力情绪分解，避免在 个时期承担太重的压力。通常我们向目标迈进的过程就像上楼一样，一次是绝对蹦不上顶层的，相反蹦得越高就摔得越狠，所以，必须一步一个台阶地上去。山田本一将大目标分解为多个易于达到的小目标，每前进一步，达到一个小目标，就使他体验了一次“成功的感觉”，而这种“感觉”强化了他的自信心，又推动他稳步发挥去达到下一个目标。可见，“成功的感觉”源自对情绪的管理。

一位美国著名心理学家提出：一个人的成功，只有20%是靠智商，而80%是凭借情商获得的。而情商管理的理念即是用科学的、人性的态度和技巧来管理人们的情绪，善用情绪带来的正面价值与意义帮助人们成功。

停止抱怨，唤醒心底的勇士

一位作家在其著作中曾这样提到：不抱怨的世界才精彩。这句话旨在告诉人们要远离抱怨，因为抱怨是和成功、成就背道而驰的。

其实，很多时候出现问题的原因并不是工作本身不好，而是个人对待工作的心态不够端正。任何公司都有其独特的运营模式，如果你总是对客观环境敏感，把时间都浪费在对这些事情的抱怨上面，而不是尽职尽责地去做好一份工作，那么势必不会得到嘉奖和成功，这个时候如果一起进入公司的同事得到了晋升的机会，那么你恐怕也只有眼巴巴看着羡慕人家的份儿了。同时还会带来另一种情绪，那就是你对公司和这份工作都会渐渐地产生厌倦情绪。

实际上，没有做不好的工作，也没有绝对发展不好的公司，只有不负责的人。就算你所在的是最平凡的岗位，如果你能停止抱怨，把这些精力用在钻研工作上，尽职尽责地努力工作，那么你必将取得令人欣喜的工作成就，你也将成为一个优秀的人。

17 世纪的时候炸马铃薯条风靡法国，当时，这种正宗的法国式炸马铃薯条在美国纽约仅有一家餐厅提供，这家餐厅身处一流的度假胜地，到那里就餐的人非富即贵。这家餐厅里的主厨是约翰·柯兰姆，一直以来他都严格按照标准的法国尺寸来制作薯条，于是受到客人的广泛欢迎。

有一天，一群富翁到约翰所在的餐厅就餐，其中一位客人非常挑剔，因为他觉得薯条切得太厚，严重影响了他的胃口，所以拒绝付账。为了让这位富豪满意，约翰又重新做了一份，他将薯条切得薄了一些。可是，那位客人仍然抱怨薯条太厚了。

周围的服务员都替约翰感到委屈，觉得那位客人不讲理，约翰心里也不高兴。可是，他觉得既然自己是厨师，那就要让客人吃得满意，这是他的职责所在。

于是，约翰再一次拿起了马铃薯，这次他将薯条切得薄如蝉翼，一炸之后又酥又脆，可是这样的做法已经违反了正宗法式炸马铃薯的制作标准了。不过，约翰心想，既然客人喜欢吃薄的马铃薯，自己就应该满足他。

当闪着淡黄色油光、薄得像纸一样的薯条被盛在水晶盘子里端到客人面前时，客人非常满意。更有意思的是，其他的客人也纷纷要求约翰按照这样的手法为他们炸薯条。可是要保证马铃薯良好的口感就必须要手工削皮和切片，这很考验厨师的刀工，而且因为客人大量的需求，约翰的工作量很大。本着对工作负责的态度，约翰耐心地制作薯条，一一满足了客人们的要求。

这种“超薄”的薯条从此被大家口口相传起来。后来，约翰离开这家餐厅，自己开了一家以这种薯条作为招牌菜品的餐厅，这家餐厅让他赚了个盆满钵满。现在，这种薄薄的薯条已经成为世界上销售量最大的零食之一，约翰作为发明人也名垂青史了。

如果没有带着职业道德和责任心，约翰就不会创造出薯条的制作方式，也不会在辞职后取得非凡的成就。事实上，没有一份工作是应该被抱怨的，把自己该做的工作做好，这是每一位员工的责任。责任心是员工能够胜任工作的保障，是对成功发起挑战的战争宣言。一个人是否具备责任心，责任心的大小如何，也将决定他在工作中有怎样的成就。

要知道，抱怨是最没有影响力的语言，它除了让人感觉你在推卸责任之外，实在毫无用处。试想一下，如果约翰从客人第一次不满意的时候就开始推脱，在客人第二次不满意的时候放下切刀开始抱怨，那么，他还能获得那么多的订单吗，还会取得日后的成就吗？

因此，如果你避免不了因为工作的不顺心而心生抱怨，那么请在抱怨之前，先扪心自问一下：我为这份工作付出了多少？我是否一直以来都保持高度的责任感？我有没有深入其中，付出百分之百的努力？

作为一个职场人士，我们需要明确这样一个事实：老板雇用你来继任某一岗位、担任某一个职务，他的目的不是听你发牢骚，倾诉工作中有多少麻烦和困扰，他是请你来解决问题、创造价值的。哪怕老板喜欢有人来打小报告，他大可以安个摄像头，而没必要花大价钱去雇用你。如果想要获得老板的肯定，实现自我价值，你首先就要收起抱怨，学会承担起自己应负的责任，做一个敢于担当的人。我们始终都要铭记：怨气并不能给自己的工作以任何实质性的帮助或指导，在面对坎坷的时候，将抱怨化为抱负，树立重新来过的志气和勇气，才能获得成功。

16 岁的史坦雷在一家著名的五金公司做小职员，每个月领着微薄的薪水。他处处小心翼翼，他希望以这样的工作态度来获得经理的赏识，提升他为推销员。

可是经理对他的印象却恰恰相反。这一天，经理把他喊到经理室一顿训斥，经理愤怒地对他吼道："你这种人根本不配做生意！就你那健硕无比的臂力还值点钱，我劝你还是到钢铁厂当一名工人去吧，那种活不需要大脑！你赶紧给我走人！"

史坦雷听了，平静地说道："好吧，经理。您当然有辞退我的权力，但抱歉，我的意志您无法消磨掉。您有您的理由来说明我的无用，可是我有我能证明自己能力的数据。看着吧！我迟早要开一家公司，规模比你的大十倍！"

史坦雷说到做到了。因为从那之后的几年里，他努力拼搏，果然成为一家大型公司的老板。

成功并不能通过抱怨而得到。如果史坦雷在被经理斥责的时候将责任推卸到别人身上或者在被辞退后从此怨天尤人，那么他永远不会获得后来的惊人成就。

不可否认，在工作过程中，每个人都难免产生怨气，但是当抱怨别人、抱怨环境毫无用处的时候，不妨把抱怨化为抱负，用实力证明自己的价值。

也许你会说，以后即使心里有不满，也不会用嘴巴说出来了。这样做看似不错，但实际上还不够。实际上，那些没有说出来的抱怨也是抱怨，它们将从负面暗示我们的心灵，使我们的思维停留在"不幸"的事情上面。

所以，要想真正改变自己的想法和心态，我们要从内心深处唤醒那个敢于担当、勇于负责的勇士，让它来赶走令人生厌的"抱怨"恶习。只有这样，解决问题的办法才可以出现。

避免找借口，塑造工作中的使命感

每个人都有自己的习惯，这种习惯会被不自觉地带到学习和工作中。比如，早上工作前习惯喝一杯咖啡，习惯把一些需要创意的工作任务安排到晚上，那时候灵感更多一些……这些习惯都是无关紧要的，只要不损害身体健康，可以更好地完成任务，就可以维持下去。然而，还有一种习惯，可以说是“陋习”，就不得不戒掉了，比如习惯给自己找借口。

职场中，喜欢找借口的人不在少数。他们缺乏责任心，习惯为自己的不负责任寻找各种各样的理由。如果第一次利用某种借口，让老板原谅了自己的过错，或是为自己开脱了责任，他们就会沉浸在这种暂时的“安全”之中。一旦尝到了借口带来的“好处”，他们就会把这种行为延续到第二次、第三次中。久而久之，形成习惯。

寻找借口，是个消极的心理习惯。一旦借口成为习惯，只要出现问题或遇到困难就找借口，而不想着怎么解决问题。这种习惯会让责任心消失殆尽，让人在工作中毫无锐气和斗志，变得拖沓而没有效率，最终一事无成。关于这一点，你或许能从卡罗·道恩斯的事例中学到点什么。

卡罗·道恩斯原是一家银行的职员，但他却主动放弃了这份工作，来到杜兰特的公司工作。当时杜兰特开了一家汽车公司，这家汽车公司就是后来享誉世界的通用汽车公司。

道恩斯在工作中尽职尽责，力求把每一件事情都做到完美。工作六个月后，道恩斯给杜兰特写了一封信。道恩斯在信中问了几个问题，其中最后一个问题是：“我可否在更重要的职位从事更重要的工作?”

杜兰特对前几个问题没有作答，只就最后一个问题做了批示：“现在任命你负责监督新厂机器的安装工作，但不保证升迁或加薪。”

杜兰特将施工的图纸交到道恩斯手里，要求他依图施工，把这项工作做好。道恩斯从未接受过这方面的任何训练，但他明白，这是个绝好的机会。虽然自己看不懂图纸，但是工作没有借口，困难再大也要完成，绝不能轻易放弃。

道恩斯知道自己的专业技能不强，便自己花钱找到一些专业技术人员认真钻研图纸，又组织相关的施工人员，做了缜密的分析和研究。终于，他提前一个星期圆满完成了公司交给他的任务。

当道恩斯去向杜兰特汇报工作时，他突然发现紧傍杜兰特办公室的另一间办公室的门上方写着：卡罗·道恩斯总经理。杜兰特告诉他，他已经是公司的总经理了，而且年薪在原来的基础上在后面添了个零。

“给你那些图纸时，我知道你看不懂，但是我要看你如何处理。如果你随便找一个理由推掉这项工作，我可能会辞退你。我最欣赏你这种在工作中不找任何借口的人！”杜兰特对卡罗·道恩斯说。

靠着这种对工作不找任何借口、尽职尽责的态度，卡罗·道恩斯最终成长为一名千万富翁。

事实上，那些取得了巨大成就的成功人士，并不比常人有多么超乎寻常的能力，很多时候是因为他们拥有了超凡的心态。正因为有了这样的心态，他们才能积极抓住机遇、创造机遇，而不是一遭遇困境就退避三舍、寻找借口。所以，如果我们也打算让自己成为一个成功的职场人士，那么就必须停止把问题归咎于他人和自己周围的环境，而应当勇于承担自己的责任。一旦自己做出选择，就必须尽最大的努力把事情做好，一切后果自己承担，绝不找借口，不推卸责任。

总而言之，要想让职场生涯更为快乐和辉煌，我们就要做一个敢于挑战、勇于承担的人。哪怕自己现在只是一个小公司的员工，也不要妄自菲薄，而应努力工作、快乐工作，这样我们才可以让职场生涯活色生香，让事业的成功逐步靠近。

带着爱，去工作

被尊为“控制论之父”的维纳认为，一个人即使是做出了辉煌成就，其一生中所利用的大脑的潜能也还不到百亿分之一。

那么，究竟什么能激发这些潜能呢？

答案是：热情。

热情又从哪里来呢？

从乐观积极的心态中来。

对此，一位职场精英曾做过一个形象的比喻：像对待初恋一般对待工作。显然，其意思就是对待工作要始终抱有饱满的热情和积极的态度。

要知道，对工作倾注爱很重要，如果你能喜欢自己的工作，喜欢自己制造的产品，当问题发生时，你就不会茫然不知所措，而是一定能找到解决问题的最佳方法。

物质有可燃型、不燃型和自燃型三种。

同样，人也可以分为三种：

第一种是点火就着的“可燃型”的人；

第二种是点火也烧不起来的“不燃型”的人；

第三种是自己就能熊熊燃烧的“自燃型”的人。

想要成就某项事业，就必须成为“自燃型”的人，在热爱自己工作的同时，必须持有明确的目标。

在年轻人中偶尔也有这样的人，他们相信虚无主义，总是表情冷漠，怎么也热乎不起来，甚至还会给别人泼冷水。遇上这样的人可不好办。在企业里，在体育团队里，这种“不燃型”的人哪怕只有一位，整个集体的氛围都会变得沉闷压抑。我希望同事们都是自燃型的人，不用“点火”，他们也会自动燃烧。

相反，对自己的工作、对自己的产品，如果不注入深沉的关爱之情，事情就很难做得出色。

“工作是工作，自己是自己”，把“工作”与“自己”分开，让两者保持距离，这是最近年轻人中流行的观点。然而，要做好工作，就应该消除“工作”和“自己”之间的距离，要悟到“自己就是工作，工作就是自己”的程度。这两者密不可分。

也就是说，连同身心一起，要全部投入工作、热衷于工作，达到与工作“共生死”的程度。如果对工作缺乏如此深沉的挚爱之情，就无法抓住工作的要领。

你知道京瓷吗？下面就是京瓷的一位工作人员所讲的故事：

京瓷在创建后不久，曾制作过用于冷却广播机器真空管的“水冷复式水管”。因为过去生产这种水管的企业中技术人员走了，所以订单就发到了京瓷。但是，京瓷以前只做小型陶瓷产品，这种水管尺寸太大（直径25厘米、长50厘米），用的是老式陶瓷原料，属于陶器，而且要在大管中通小冷却管，结构非常复杂。

京瓷不具备制造这类产品的设备，也没掌握相关的技术。尽管如此，由于客户盛情难却，我把任务应承了下来。

为了做好这一产品，我们付出了常人难以想象的辛劳。比如，原料虽然使用与一般陶器相同的黏土，但因为尺寸很大，要让产品整体均匀干燥极为困难。开始时，在成型、干燥的过程中，几乎每次都出现干燥不均、先行干燥的部分发生裂痕的现象。

可能是因为干燥时间过长吧，于是我尝试在缩短时间上下功夫，但结果仍不理想。我用了各种方法反复试验，最后想出一招，就是在尚未完全干燥、还处于柔软状态的产品表面卷上布条，再向布条上吹雾气，让产品慢慢地、一点一点地干燥。

但是新的问题随之产生。如果产品太大，干燥时间过长的话，产品会因为自身的重量发生变形。为防止变形，我又动了各种各样的脑筋。最后，我决定抱着水管睡觉。我在炉窑附近温度适当的地方躺下，把水管小心翼翼地抱在胸前，整个通宵我都慢慢转动着水管，用这种方法干燥，同时防止水管变形，最终顺利地完成了水冷复式水管的制造任务。

今天，这种带着泥土气的、低效的做法甚至令人生厌。但不管时代怎么进步，干活时自己手上沾泥带油这种方式，虽已不再流行，但若缺乏热情，在工作中，就无法从心底品尝到那种成功的欣慰，特别是向新的、艰难的课题发起挑战并战胜它们时。

对于这种工作态度，日本管理学大师稻盛和夫就有他自己的见解。

2009 年 6 月 9 日，稻盛和夫和他的一位作家朋友交谈。他告诉朋友，对方给他的书所作的序打动了他，同时他向朋友提出疑问：为什么那样来写序？朋友回答说："1996 年在管理工作碰到难题时，我读到了您的书。您的两个思想给了我最大的启示：一是带着爱去工作，二是答案永远在现场。把这两个基本点注入血液中，我感觉所有的问题都可以迎刃而解。"

听了朋友的话，稻盛和夫眼中有温度了。他说："是的，要带着爱去工作。爱，是一切的原点。"

纪伯伦与稻盛和夫就有着同样的哲学观点，在《先知》中纪伯伦就是这样写的：

生活的确是黑暗的，除非有了渴望，
所有渴望都是盲目的，除非有了知识，
一切知识都是徒然的，除非有了工作，
所有工作都是空虚的，除非有了爱；
当你们带着爱工作时，你们就与自己、与他人、与上帝合为一体。

什么是带着爱工作？
是用你心中的丝线织布缝衣，仿佛你的至爱将穿上这衣服。
是带着热情建房筑屋，仿佛你的至爱将居住其中。

是带着深情播种，带着喜悦收获，仿佛你的至爱将品尝果实。

是将你灵魂的气息注入你的所有制品。

是意识到所有受福的逝者都在身边注视着你。

综观古今中外，没有一个成功者是不爱自己所从事的工作的。他们把工作当成恋人，工作时的状态就好比恋爱时的状态，不断地对其呵护，与其朝夕相处，共同前进。这正是他们能够从工作中感受到快乐和幸福的关键所在。

因此说来，我们不要仅仅把工作看作是简单的谋生工具，而要用心工作，付出自己的爱，只有这样，我们才能从中感受到更多的乐趣，获得更多的精神和物质利益。

多学习克制之法，压住冲动的“魔鬼”

小到三四岁的孩子，大到花甲老人，似乎谁都避免不了一些偶尔愤怒的时刻。可以说，愤怒是人类的一种基本情绪。

导致愤怒的因素有很多，主要包括心理因素、生理因素和环境因素等。其中心理因素，如个人修养、思想、情操、人生观、价值观等，与怒气的产生以及发怒的程度有着非常重要的联系。也是我们本节内容所要探讨的重点所在。

我们注意到，同样是面对外界的刺激，有的人会心平气和，有的人则怒气冲冲，也有的人暴跳如雷。心理专家通过调查研究得出结论，那些在面对刺激时心平气和和怒气较小的人，往往心胸开阔、心智成熟、思维周密，而那些动不动就发怒的人一般都心胸狭隘、虚荣心过强、思维极端。不用问，前者和后者给别人的感受自然会大相径庭，受欢迎的程度也会大不一样，自然而然地，获得良好人际关系和发展机遇的可能也就有所不同了。

毫无疑问，愤怒的破坏力是巨大的，有心理学家对愤怒做了一个很形象的比喻，说堪比“8级地震”，在它的主导下，我们很可能会做出失去理智的蠢事，不但让他人受到伤害，而且还会给自己带来不必要的麻烦。

对于当年好莱坞的大明星罗素·克劳，可能有一些读者朋友并不陌生。他在荧幕上的绝佳表现征服了一大批观众，特别是其代表作《角斗士》一上映就受到了国际各界的一致好评，成为好莱坞经典电影之一。

可是现实中的罗素·克劳，离开了摄像机的罗素·克劳，就会立马变成另外一个人，特别爱发脾气，像一只暴躁的狮子，总是乱吼乱叫。

由于罗素·克劳的暴躁，让周围的合作对象都对他敬而远之。几乎没有人能够招架得住他的暴躁脾气，就连《铁拳男人》一片的导演罗恩·霍华德也坦言，克劳火暴的脾气让他拍片时与人共事很困难。

渐渐地，罗素·克劳的暴躁个性成了圈子里尽人皆知的事。人们虽然都承认他演技过人，但也都觉得他的暴脾气无法让人接受，所以他始终没能捧得奥斯卡小金人。

他们认为罗素·克劳虽然演技过人，但是其本人的暴躁脾气无法让人接受，所以最终取消了他的获奖资格。而且人们深知，这并不是因为竞争激烈，而完全是因为他暴躁的性格和易发怒的习惯。

一个演技精湛的演员，却因为暴躁的脾气而让自己失去了获取最高荣誉的可能，不能不说是一件遗憾的事。可是，也只有罗素·克劳本人为这种遗憾来埋单，因为他才是导致这种结果的根本所在。

由此我们也可以认识到，表示出愤怒是解决不了任何问题的，它会让事情变得更糟糕，还会使别人对自己的印象非常糟糕。

我们不禁要问，逞了一时之快，却带来无尽的后患之忧，又是何苦呢？

当然，我们也要承认，愤怒在某些情况下是人的情绪的一种自然反应，但这绝不意味着在每种情况下都要有这样的反应。我们必须学会经常控制某些直觉的情感，不能每次有什么感觉，就毫无顾虑地发泄出来，这样做于人于己于事情本身都是毫无积极作用可言的。

陆晓辉在一所海洋大学念完四年本科后，进入一个海上油田钻井队工作。

刚上班的第一天，他就遇到了这样一个问题。他的直接上司庄羽要求他在限定的时间内登上几十米高的钻井架，把一个包装好的漂亮盒子送到站在顶层的主管手里。

陆晓辉毫不含糊地答应了，他听从领导吩咐，赶忙以最快的速度拿到了盒子，并快步登上高高的狭窄舷梯，然后气喘吁吁、满头是汗地登上钻井架顶层，并将盒子交给主管。

让陆晓辉没想到的是，主管拿到盒子后，只在上面签上了自己的名字，然后又叫他送给庄羽。陆晓辉虽然不明就里，但也不敢问为什么这样，他只得快速跑下舷梯，把盒子交给庄羽，庄羽也同样在上面签下自己的名字，让他再送给主管。

陆晓辉看了看自己的顶头上司，犹豫了一下，然后又转身登上舷梯。这样来回折腾了两趟之后，陆晓辉直累得浑身是汗，双腿打战。可主管和领班庄羽呢，却依然像第一次那样签上自己的名字，然后让他来回地跑。

当第三次领班让陆晓辉再把盒子送给主管的时候，他愤怒了，他看了看庄羽平静的脸，强忍着没有发作，然后拿起盒子艰难地往上爬。当他爬到顶层时，浑身都被汗水浸透了。

这一次，主管对他说："把盒子打开。"

陆晓辉听从指挥，赶紧撕开外面的包装纸，打开盒子。原来，里面是两个玻璃罐：一罐咖啡，一罐咖啡伴侣。

当看到盒子里就是这样不起眼的玩意儿时，陆晓辉不由得愤怒了，他双眼喷着怒火射向主管。而主管仍然一脸平静，他对陆晓辉说：“把咖啡冲上。”

陆晓辉此时再也忍不住了，“啪”的一下把盒子扔在地上，说道：“我不干了！”说完，他看着扔在地上的盒子，感到心里痛快了许多，刚才的愤怒全部释放了出来。

此时，主管起身站到陆晓辉旁边，用眼睛直视着他说道：“刚才让你做的这些，叫作极限训练，因为我们在海上作业，随时会遇到危险，所以要求队员身上一定要有极强的承受力，承受各种危险的考验，才能完成海上作业任务。可惜，前面三次你都通过了，只差最后一点点，你没有喝到自己冲的甜咖啡。现在，你可以走了。”

陆晓辉的经历又让我们看到了因为愤怒而造成的巨大遗憾。如果他能够控制一下内心的怒火，事情就会是另外一种结局。可以想象，像陆晓辉这种承受力不够强的石油工人，即使到了别的单位，也依然会因为愤怒情绪而影响其正常的发展。

有时，愤怒的情绪会阻止一个人顺利完成某一件事情，成大事者是不会让愤怒情绪所左右的，在关键时刻不能让怒火左右情绪，就会为此付出惨痛的代价。可惜，在更多的人身上，我们看到的却总是差那么一点点，因为一点点的不顺而怒火中烧，结果自然是“赔了夫人又折兵”。

所以，我奉劝正在阅读本书的朋友，为了避免愤怒的侵袭，我们有必要让自己心胸开阔些，想开一点。“人生一世，草木一春”，短短的几十年人生，我们何必总给自己找别扭，而不是想办法让自己快乐呢？当我们能够做到别人生气我不气的时候，那么一场是非之争就会在不知不觉中消失。这样的结局不才是我们最为期待的吗？

现实生活中，让人生气的事随时都可能发生，但作为一个有头脑的人，为了更好地生活和工作，就需要控制愤怒，如果不忍，任意放纵自己的感情，首先伤害的是自己。如果对方是自己的对手、仇人，有意气你、激你，你不忍气制怒，保持清醒头脑，就容易被对方牵着鼻子走，到头来弄个得不偿失的下场。所以，在职场上辛苦打拼的我们，一定不要为了一时气愤不过就做一些不该做的事，那样可不是一个成熟的职场人士所为哦！

调控情绪，将怒气转为动力

职场中，常有这样的声音进入我们的耳畔：

> 工作几年了，还是个小员工，我不是没努力啊，可怎么总是那么倒霉，一点好机会也遇不到？
>
> 上学时大刚比我差远了，可毕业后人家事事顺心，什么好事都让他给碰上了。
>
> 我是个天生运气差的人，这辈子恐怕没什么指望了。
>
> 我们部门的王凯，要学历没学历，要能力没能力，凭什么提升他当经理啊？

综上种种，无不是在抱怨机遇从不垂青自己，让自己始终处于小兵小卒的行列。殊不知，机会没有长腿，它当然不会找到我们，但是我们都有聪明的头脑，只有我们积极主动地去寻找它，机会才有可能像天上的馅饼一样，一下子就砸到我们的头上。

仔细分析来看，产生这样想法的职场人士有着某种基本的特性：在刚开始进入职场时，他们豪情万丈；但当参加工作久了之后，却失去了原本鲜明的棱角和个性。用一句文言文说就是“泯然众人矣”。

其实，职场就好比一个旋涡，是沉是浮取决于心态是主动的、积极的，还是被动的、消极的，要想在职场生存发展，坐以待毙不如主动出击。

如果有一天我们走在一棵苹果树下，一个大红苹果不偏不倚地砸到了我们头上，我们大多数人肯定会暗叫“倒霉”，然后恶狠狠地将它吃掉；如果有一天某人悄悄地把一颗钻石放在我们的脚边，一下子将我们绊倒，也有很多人会二话不说把绊倒自己的那东西扔出十万八千里……

其实，机会对有些人来讲，就是掉落到头上的苹果，或者绊倒自己的钻石。他们并不是没有机会，而是因为当前的种种原因失去了机会，抑或根本没有看到机会。

而那些成功人士，他们不但会在机会来临的时候一把抓住，而且还会积极主动地寻找机会，而不像大多数人那样坐井观天、守株待兔。

我们来看这样一个职场案例：

从毕业到现在，于晓燕一直在这家广告公司工作。3 年来，她换过好几个岗位，从做流程到做客户，从做客户到内勤。不过，于晓燕所做的大多是一些书面的、案头的工作，很琐碎，也很机械化，很多都是重复劳动。长期做这样的工作，难免会令人产生厌倦。为了不让自己产生强烈的“审美疲劳”，于晓燕便盘算着想换一个岗位。

不久之后，正好赶上公司扩大业务规模，业务部需要新的业务员，于晓燕赶快抓住这个机会，向经理提建议：与其从外面招新手，还不如让我做一个“内部调动”，这样上手也快些。

同时，于晓燕还向经理陈述了很多自己去做业务的两点重要优势：一是自己在公司工作了 3 年，对公司的操作流程较为熟悉；二是自己在做客户服务的时候，已经和公司的很多客户打过交道，对他们有了一定的了解。

听了于晓燕的一番话，经理觉得有道理，便打算让她试一试。就这样，于晓燕顺利地从客户服务部调到业务部，做起了业务。面对新的工作岗位，自然有了新的挑战。于晓燕每天都得在外面跑，不断地联系客户，这样才能完成每个月的固定任务指标。虽然辛苦了很多，但是于晓燕也获得了相应的回报，她现在的工资已经不是原来的“底薪 + 奖金”了，而是“底薪 + 提成”，到月底结算工资的时候，她所领到的钱数已经是之前的两倍。为此，于晓燕觉得，能获得如此丰厚的回报，自己再辛苦也值得了。

当机会来的时候，总是悄无声息，它不会主动跟你打招呼，我们想要抓住机会，必须像于晓燕那样敢于主动出击。

当然，仅仅会主动出击还不足以让我们牢牢抓住到手的机会。此外，我们还应做到努力工作，从点滴做起，哪怕是一件并不起眼的小事，其实这同时也是在给自己创造最好的机会。只要用心，准备好了，机会就会向我们款款走来。

从一所普通高校毕业后，琳达来到一家电子公司做行政部的文员。然而，令人想不到的是，长相平平、专业优势并不明显的她在短短的3年时间里，从一个小职员迅速做到了销售部经理。

由于琳达的“飞跃”式发展，使得公司的同事们对她纷纷侧目。于是关于她升职如此之快的传闻在整个公司弥漫开来，有的人说琳达和公司的某个领导是亲戚，更有大多数人说琳达运气好，一般人可碰不到。其实，只有琳达自己知道，她的好运气是怎么“砸”到她的头上的。

在琳达的公司里，不乏能言善辩、八面玲珑的人。因此，本来就毫不起眼的琳达就更不能引起他人的注意了。但是，她总是任劳任怨、勤勤恳恳地做着自己的工作，而且还适时地给同事们帮忙。每次领导交代的任务，琳达也都能够及时完成。有时候，还会有同事因为这样那样的原因把麻烦的工作推掉，琳达却总是“傻乎乎”地接过来，而且在业余时间，她还试着了解其他部门的工作流程和客户信息等情况。

有一次，市场部负责人牛经理经过行政部办公室的时候，发现琳达正在处理一件小事，事虽然小但是她却做得得体而仔细，牛经理很欣赏她的工作作风，经过跟她沟通，希望能把她调去自己的部门工作，琳达欣然答应。

进入市场部后，琳达令所有人都觉得诧异，一个曾经坐办公室的姑娘居然对市场了如指掌，半年后，她的几份扎实的调查分析报告，更是令人对她刮目相看。一年后，她已经是市场部公认的举足轻重的人物了，看到她在会议上气定神闲、无懈可击的发言，原来行政部的同事更为惊讶。

一天，老板请琳达到自己的办公室，问她是否接受挑战去情况不景气的销售部工作，没想到琳达一口答应了下来，当时有同事听说都觉得她傻，好好的工作不干，偏偏接那个烂摊子，但是琳达不这么认为，她觉得只要努力，就能把工作做好。

琳达首先选择了库存积压最厉害的北方公司，开始了她的第一步工作。在大雪纷飞的冬天，她一个人借了一辆自行车，找代理公司产品的代理商，了解产品滞销的原因。几个月后，情况就有了明显的改善。

因为琳达的业绩突出，她很快被调到大客户部，为了笼络客户，她在最短的时间内就学会了打高尔夫球，而且打得非常好。

有一次，她遇到一个大客户是一家电器公司的老总，在办公室，她无意中听到一位同事和客户在讲电话，谈论第二天的一个会议，得知自己的客户也将出席这个会议。琳达立即查到了会议地点，第二天一大早就来到了那里等待那位老总。那位老总到达后，琳达并不直接告知对方她要来的目的，而是很自然地和他聊了起来，之后他们一起吃饭、唱歌、打牌，同时，她还认识了更多的人，结果不久后，琳达做的第一个大单子就出现在了这些人中间。

可见，要想让自己在团队中脱颖而出，必须要把手上的工作完成得漂亮，这样才能引起领导的注意和赏识。在此基础上，再敢于在机遇来临的时候主动出击，那么就不愁升职加薪了。

总而言之，在工作中能够带着万丈豪情，能够认真又勤奋地做事，是获得机会的必要条件。因为机会不会浪费力气在那些懒惰的人身上，机会是一种想法和观念，它只存在于那些认清机会的人心中，只存在于那些勤奋的人手中。因此，我们不必去询问领导自己有没有机会获得晋升，而应该去问那个最为清楚的人——自己。

任何一个聪明的员工，不但善于在平常的工作中寻找机会，而且还能将危机转化为自己的机会，将坏事变为好事。其实，当工作中出现了困难，只要我们处理得当，敢于承担责任，困难就会化身为机会。只有当我们克服了困难，为公司排忧解难，领导自然会送给我们一个机会。

拥有大智慧的员工从来不等待机会，从来不会把时间花在抬头看天等馅饼上，而是主动去寻找机会，所以他们能够被机会垂青，他们能够平步青云。

所以，不要担心没有人赏识，也不要总是抱怨怀才不遇，我们要相信“是金子总会发光”。当我们带着这样满怀的豪情，一步一个脚印地积极进取，把每一件工作都能做好的时候，那么机会很可能就会降临到我们的头上。

学会保护自己的心境，远离办公室里的坏心理

说到职场，我们不难想象那是一个充满了激烈竞争的所在，甚至有些时候它也会成为一个钩心斗角、尔虞我诈的地方。所以，在这里，不会都是光明、正直、真诚的人，往往还存在着一些阴暗、猥琐、虚伪的人。

当然，人人都痛恨后者，然而人人又都无法避免职场的共事合作中遇到这样的人。他们或因为嫉妒，或因为对自己状况不满，或因为贬损你而抬高自己，总是明里暗里地挑拨离间、下绊使坏，给你的生活、工作蒙上诸多阴影。

面对这样的人，我们不必与他纠缠。此时，只需做好自己的事情，意想不到的好运便会悄悄降临到你身上。

我们应该告诉自己，每个人的心灵都是一方土地，你种下什么，就收获什么。如果你撒下的是乐观健康的种子，那么那些有着坏心理的人的攻击无非是周围蔓延的毒草，并不能影响你最终收获美好的东西；如果你撒下的是悲观颓靡的种子，那么即使被鲜花包围，你的土壤生长出的依然是

杂草。

我们常常将自己的失败归罪于别人：任务没按时完成，是因为工作环境太嘈杂；上班总是迟到，不是赶上堵车，就是下雨，再不然就是赶到公司找不到车位——却从没想过如果提前15分钟出门，也许这些就都不是问题。我们总是受着他人的影响，我们的失败是因为别人，我们的不快乐是因为别人。

别人、别人，在我们对于“别人”的一再抱怨之中，早不知不觉将自己的生活拱手让给了他人。

我们何不想一想，既然别人不能改变，自己何不放宽心胸，来接受别人的所作所为，同时也保留自己的态度呢？

岂不知，人性本就是有善亦有恶，我们自己也并不例外。别人以恶的一面对待我们，是他们的偏颇，而我们若因此也摆出自己恶的一面，便是将自己也降到对方的档次上，反而如了别人的意。

不可否认的是，在职场中，新人们往往单纯而直爽，说话常常有口无心。对于他们来说，坏心理的危害更是犹如飞过麦田的蝗虫一般，不但会将新人的无心之语当作把柄拿捏在手，更会在他们前进的道路上设置重重障碍，让其防不胜防。不过，有意思的是，诚如西方那句古谚所说：为你设置障碍的人也是助你前进的人。何解？让我们先来瞧瞧下面这个故事吧！

卢小爱单纯直爽，毫无心机，一起干活的搭档晓峰没少欺负她。脏活累活都扔给她不说，那人还常在老板面前故作勤奋状，却将她贬得一钱不值。另外一个搭档阿达也常常受到晓峰的挤兑，阿达为此愤愤不平，常常对阿达反唇相讥，甚至多次跑到老板前面说晓峰的种种不是。

看到老板对此并没有给出回应，阿达心里十分不平，便也开始消极怠工，处处和晓峰作对。

但卢小爱却没有理会晓峰的挑衅，不但工作起来更加卖力，更是不断地充实自己。

一天，主管心血来潮，要对所有的员工进行能力测试。勤奋努力的卢小爱自然立刻脱颖而出，而晓峰和阿达都没能通过测试。

这时，晓峰贬损卢小爱的伎俩被人一语点破。可是阿达却也失去了升职的机会。

其实，所谓有着坏心理的人大多是只善于暗地使绊者。要知道，无论如何他们都一定不是你的对手。试想，他们的大量时间都用来对付身边同事了，哪里还有多余的精力用来工作，用来积累人脉和经验呢？

因此，在职场中，只要你埋头关注手中的事情，即使让别人偶尔占点便宜，也未必是一件吃亏的事情。相反，你若能够适时借用别人的力量，还能出其不意，给那些等着看戏的人一个大大的惊讶。

美国最受尊崇的心理学家威廉·詹姆斯就曾说过这样一句话："我们的时代成就了一个最伟大的发现——人类可以借着改变自己的态度，改变自己的人生！"

姜妍在一家公司从事销售工作，她为人踏实肯干，又能言善道，刚进公司不到一年，姜妍的业绩便如芝麻开花一般节节攀高，于是受到高层管理的注目。俗话说，上帝偏爱的人，也总会得到撒旦的垂涎。

在姜妍接受年度嘉奖之后，"霉运"也就此缠住了她：先是她为客户准备的一些重要资料常常不翼而飞，接着又屡次发现自己电脑中的重要文档被人偷偷篡改。更令人气愤的是，不知从什么时候起，公司居然传出了她与经理的绯闻事件，这使得男友对她产生怀疑，并日渐疏远。

她的心中也曾一度充满了阴霾，但擦干眼泪后，姜妍将所有的委屈都咽进肚中，资料被盗，她就将所有的信息都记在脑海里；文档被改，她索性将原始文件备份多份在别处；至于与经理的绯闻，既然经理单身，姜妍干脆顺水推舟，却也从这绯闻中收获了一段幸福的爱情。

看，当我们面对坏心理的人的时候，适当吃亏，也算得上是一种福气了。

职场之中，我们理应只做好自己的分内之事。若是坏人来袭，我们绕行即可，千万莫要与他们纠缠，白费了我们自己的大好时光。

与内心和解，拥抱不完美的自己

俗话说“三起三落是人生”，人生有太多的意外，亦有太多的不可知，并不总是处处遂人所愿。有时我们陷入痛苦的情感之中实属自然，但是若让痛苦主宰自己的生活，那么我们的人生就注定是一场悲剧。

我的一位朋友曾遇到过这样一位同事。他的这位同事名叫吉米，是负责公司管理科的一名普通职员。吉米工作非常努力，人也很有上进心，大家都认为他很想升为科长。公司经理对吉米的工作很认可，后来真的提拔他做了科长。每天办公、开会，忙进忙出，吉米在兴奋中难掩骄傲的神色。

可是过了一年，公司人事变动，吉米又“下台”了，被调到业务部当职员。这一打击使他难以承受，重新当了职员后，他时常哀叹命运不公，日渐消沉，后来变成一个愤世嫉俗的人，再也没有升过职。

先上台又下台，吉米沉浮的职场境遇值得同情。但是，上台时非常自在，下台却黯然神伤，他的这种反应不值得提倡，因为他没能用平常心应对人生中的起伏，也没人会欣赏自怨自艾、自暴自弃的人。

与吉米相反，一位电车服务员的女儿，却因为懂得拥抱自己的不完美，而成就了自己的人生。我们一起来看看她的故事：

这位姑娘一直渴望成为明星。可惜，在外人看来，她并不具备成为明星的条件，她长了一张不美的大嘴，还有一口龅牙。当她第一次在夜总会里演唱时，她千方百计地想用她的上唇遮掩她的牙齿，期望观众不会注意她的龅牙而去专心听她的歌唱，结果适得其反，台下的观众看她滑稽的样子，不禁大笑起来，女孩红着脸走下了台。

现场的一位观众觉得她很有歌唱才华，他很率直地告诉她说："刚才我一直在专心观赏你的歌唱表演，我看得出来你想掩饰的是什么，你害怕别人注意到你的龅牙，对不对?"女孩听后，一脸尴尬。接着，他又说："龅牙怎么了？没有人会在乎的，也许它还能够给你带来好运呢!"

听了这位观众的忠告，女孩打算此后不再掩饰自己的龅牙。每当她在唱歌的时候，她就尽情地把嘴巴张开，把所有的精力都置于歌声中。最后，她成为一位在电影及广播界享有盛名的双栖红星——凯茜·桃莉，甚至很多喜剧演员都来模仿她唱歌的模样。

由此可见，一个人身上有没有缺陷并不重要，重要的是自己敢于接受并正确面对这个事实，而且除了你自己，没有人会刻意在乎你的缺陷。学着无视自己的缺陷，心平气和地接受自己，好好把握现在，才能找到自己的存在感，有所作为的心灵行动才会真正开始，有价值的人生内容也就从此而生了。

如果你试图让自己成为那个完美的人，不妨想想上面这个故事。要知道，上帝吝啬得很，他绝不肯把所有的好处都给一个人，给了你美貌，就不肯给你智慧；给了你金钱，就不肯给你健康；给了你天才，就一定要搭配点苦难……

有一个相貌不佳、说话口吃的男孩，他很想战胜这些先天的缺陷造成的不幸。

为了矫正自己的口吃，这个男孩试着模仿古代的一位著名的演说家，嘴里含上小石子说话。他的母亲看到孩子的嘴巴和舌头被石子磨烂的样子，心疼地说："不要练了，妈妈一辈子陪着你。"懂事的男孩跟妈妈说："妈妈，书上说，每一只漂亮的蝴蝶，都是自己冲破束缚它的茧之后才变成的。我要做一只美丽的蝴蝶。”

后来，这个男孩终于能流利地说话了。因为他的勤奋和善良，在中学毕业的时候，不但取得了优异成绩，而且还获得了良好的人际关系。

1993 年 10 月，早已是成年人的他参加了全国总理大选。同样参选的对手心怀叵测地利用电视广告夸张他的缺陷，并写上这样的广告语：“你要这样的人来当你的总理吗?”

谁知，对手的这种不道德的、带有人格侮辱的行为受到了广大选民的谴责。人们得知了他的成长经历后，纷纷报以极大的同情和尊敬。他说的“我要带领国家和人民成为一只美丽的蝴蝶”的竞选口号，使他以高票当选为总理，并在 1997 年再次获胜，连任总理，人们亲切地称他是“蝴蝶总理”。他就是加拿大第一位连任两届的总理让·克雷蒂安。

是的，有些东西我们无法改变，比如低微的门第、丑陋的相貌、痛苦的遭遇，这些都是我们生命中的“茧”。但有些东西则人人都可以选择，比如自尊、自信、毅力、勇气，它们是帮助我们穿破命运之茧、由蛹化蝶的生命之剑。

心态越平和，工作越顺利

无论是生活还是工作中，我们都喜欢和冷静的人相处，因为这样的人不会信口开河，不会脾气暴躁。如此，大家沟通起来就相对顺畅，问题解决起来也就容易很多。可以说，冷静是一种临危不乱的淡定，一种面对地陷山崩时的坦然，一种沧海桑田的从容不迫。其实，不管发生多大的事情，只要以冷静的姿态去对待，就能找到成功的解决方法。

早几年，媒体上曾刊登过这样一则消息：

一家博物馆里珍藏了很多稀有的物品。不幸的是，一天晚上，博物馆被盗了，丢失了十多件珍贵的文物。或许是盗贼走得匆忙，也可能是没有在意，使得一枚珍贵的钻戒还完好地保存了下来。

警方得知消息后，立马对该案件展开了调查。可是，经过了好一番努力，也没能找到破案的蛛丝马迹。就在警察们焦头烂额的时候博物馆馆长站出来了，他提议让电视台就这次的博物馆被盗事件对他进行采访。

电视台选了个黄金时段播出了记者采访博物馆馆长的节目，记者问：“请问这次失窃对博物馆造成的损失大吗？共丢失了多少件珍贵的文物？”

馆长慢慢回答：“共丢失了11件珍贵的文物，其中有一枚我们珍藏了多年的钻戒，它可以用价值连城来形容……”

神奇的是，节目播出还不到一周的时间，警方就查到了线索，顺利地破了案。原来，就在采访播出后，几个盗贼开始都怀疑是除了自己之外的人私藏了博物馆馆长口中那枚价值连城的钻戒。就这样，几人开始互相猜疑，到后来发展到斗殴。警察根据这些找到了线索，破获了案件。

看得出，正是因为这位博物馆馆长心态平和、处事冷静，才使得案件顺利告破。假如是一个遇到事情惊慌失措的馆长，就不能冷静地抓住窃贼的心理，那么破案难度自然会大出许多。

事实上，紧张与浮躁，往往会蒙蔽你的眼睛，使你失去对事物正确的判断，从而导致失败。只有以平和冷静的心态去对待眼前的一切，才会静中取智。

同样做到心态平和的还有来自西安贫困山区的小伙志远。

专科毕业后，为了谋生志远来到西安一家大型企业做保安。

最初，这个小保安感到很沮丧，因为在很多人心中保安是和“素质低下”“没有文化”这些词关系密切的。曾有同学想给他介绍对象，对方女生“啊”的叫了一声：“什么？一个保安？”连要求外来人员出示证件这种例行的工作，他也会碰钉子：“哎呀，你不就是个保安吗，还查什么证件呀！”

这些经历让志远感觉自己不被尊重，他一度眼红，很不服气：“命运为什么这么不公平？凭什么那些白领们在干净幽雅的办公室里办公，而我却要在风里雨里站岗？”

不过，志远很快调整了自己的心态，他下定决心要用5年的时间，缩小自己和这些人的差距。

之后，志远利用所有的闲暇时间来充实自己，他利用休息时间攻读英语、经济管理、社会心理等课程。由于什么都是从头学起，志远学得很拼命，就算是坐火车回老家时他也拿着书在看。

有时，看到周围的队友业余时间在看电视、打篮球，他也心里痒痒的，但一想起别人说的“你不就是个保安吗”，他就会咬牙学下去。

就这样，“潜伏”了近四年，志远通过成人高考考上了一所师范学院的经管系，之后，他一边工作，一边学习。

通过几年的认真学习和实践锻炼，志远的个人能力得到了提高，并以全班第一的优秀成绩毕业。一毕业，他就被一家大型企业录用了，月薪比保安工作翻了好几倍，他已经是一名名副其实的白领了。

四年，不是短暂的时光，但志远却让自己潜下心来，一点点地努力学习，最终取得了梦想中的成就。这个事例告诉我们一个道理：不必去抱怨公平与否，不要心浮气躁，而要接受现实，并及时做一些有价值的事情，在看似波澜不惊的生活中，积累自己的价值，提升自己的水平。那么早晚有一天，生活会为我们展现出温暖的笑脸。

所以，在遇到事情的时候，我们不妨冷静下来，待情绪平和了，再把事情从头到尾在脑海里过滤一遍，然后再做决定，这样，其结果可能截然不同。可以说，不浮躁，保持情绪平和、冷静，才是最简单的职场智慧。

第四章　驱散心灵“雾霾”，提升快乐竞争力

——改变心态，给自己注入正能量

小心！职场“雾霾”悄然来袭

在我们生活的周围，总有这样一些人，他们常常唠叨说“这件事真是一点办法也没有”“我真是无能为力”“条件还是不够啊，所以没法实施”……诸如此类的一些话，无不反映出人们在问题面前选择逃避和退缩的心理。这样的心理就好像压抑我们内心的职场“雾霾”，久久挥散不去。

我们可以想象一下，如果自己向别人提出了某种要求得到的是这样的答复，是不是很失望？换位思考，如果我们的领导、客户或者同事向我们提出某个要求，我们也给予这样的答复，对方会不会对我们失望呢？

一句“条件不够”“没办法”，我们似乎为自己找到了不去解决问题的理由。但实际上，也正是这些话，给我们浇灭了创造之花，阻碍了我们前进的步伐。难道是真的没办法吗？还是我们根本没有认真地思考解决问题之道呢？

袁晓玲是一个从旅游学院毕业不久的女孩，在一家小有名气的饭店做接待员。刚入职不久，袁晓玲就遇到了一个棘手的问题。

这天，一位来自澳大利亚的客人焦急地向值班经理反映，来中国

之前，他就预定好了墨尔本—东京—香港—北京—哈尔滨—深圳—新加坡的联票。但是，由于疏忽，一张去哈尔滨的机票没有及时确认，预定的航班被香港航空公司取消了。如此一来，让他非常着急，他此次行程中有很重要的一项任务是务必到哈尔滨签订合同，如果不能及时到达，将会造成极大的损失。

值班经理立即安排袁晓玲和一位老接待员来处理这一问题。接到任务后，袁晓玲和同事赶紧到民航售票处向售票员了解情况，希望他们能帮忙解决。但得到的答复是，由于是香港航空公司取消的航班，和他们没有关系。

于是，袁晓玲又提出再买一张票的想法，可是所有的票都卖完了。至此，袁晓玲并没有灰心，而是继续向售票员解释：这对我们公司来讲是一位非常重要的客人，如果不能及时赶到的话，对方将造成很大的损失。可售票员给出的答复仍然是对不起，无能为力。

袁晓玲依然不甘心，她询问售票员有没有可以解决的办法。售票员告诉她说，如果她是贵宾，可以到贵宾室问问看。抱着一线希望，袁晓玲来到贵宾室门口，但由于没有贵宾卡，她和同事被拦在了贵宾室门外。

眼看着仅有的希望即将落空，袁晓玲决定奋力一搏。于是，她想到了一个办法，直接找售票处的总经理。又是费了九牛二虎之力，袁晓玲终于找到了民航售票处的总经理。见到总经理后，她将事情的来龙去脉又讲述了一遍。

总经理看着袁晓玲满脸的汗水，微笑着问道：“你参加工作多久了？”袁晓玲回答说刚刚参加工作。

这位总经理被袁晓玲认真负责的态度给感动了，他说：“我们只有一张机动票了，本来是准备留下来给其他重要客人的。但是，你的敬业精神和对客人负责的态度让我非常感动。这样吧，票就给你了。”

就这样，袁晓玲终于拿到了那张无比重要的机票。不久，她所就职的酒店领导知道这件事后，当着所有员工的面表扬了她。几个月后，袁晓玲被提拔为部门主管。

在工作中，难免会出现这样那样的问题，有些甚至是意外情况。此时，一个合格的员工是不会被眼前的困难吓倒的，他们首先想到的是如何解决问题，哪怕只有百分之一的希望，也会尽百分之百的努力。因此，作为职场中的一员，我们一定要像袁晓玲这样，遇到困难不想条件怎么差，而是先想应该怎么做。我们要做的，不是给公司和领导添麻烦，而是为他们解决麻烦。这样，我们的内心就不会被笼罩上一层或浅或深的职场“雾霾”，而始终是阳光照耀，蓝天高悬。

无数实践表明，遇到问题只想条件怎么差，只会让我们变得越来越爱推脱责任，越来越懦弱和期待于幻想。换句话说，我们总会希望情况有所好转，但却始终无法走向成功。相反，如果我们积极开动脑筋，不想条件如何差，不解释困难如何多，而是多想问题如何解决，那么我们很可能会创造奇迹，带来意想不到的收获。

实际上，那些成功人士之所以成功，是因为他们在各种环境、各种条件下懂得寻求问题的解决办法，他们不希望自己被困难压垮。他们会冷静地思考解决之道，实事求是、脚踏实地，用自己和大家的才智想方设法把问题解决。

所以说，我们要想成功，就一定不能被职场“雾霾”给侵袭，困难面前不低头，失败面前不找借口。我们要做的，是寻找方法，寻求那一方蓝天白云下的天空。

做任何工作，都要从好的方面去想

你不种地，但你有吃有喝；你不织布，但你衣着华丽；你不造车，但你以车代步；你不盖楼，但你家居安泰，你不是神仙，但许多人尊重你；你没有才华，但你仍然能够参与社会；你相貌平平，但你的爱人喜欢你；你能力一般，但你的儿女崇拜你。这是为什么呢？你是依靠什么去和他们进行交换的？你是依靠什么获得你需要的生活物品的？你是依靠什么赢得社会的尊重的？

那就是单位。

如果你是小草，单位就是你的大地。如果你是小鸟，单位就是你的天空。如果你是一条鱼，单位就是你的大海。如果你是一匹马，单位就是你跃马驰骋的战场。家庭离不了你，但你离不了单位。

可以说，单位是你和社会之间、和他人之间进行交换的桥梁。单位是你显示自己存在的舞台。单位是你美好家庭的后台。单位是你的竞技场、练兵站、美容室、大学校。单位是你提升身价的增值器，单位是你安身立命的客栈，单位是你和你的另一半对峙的有力武器，单位是你在家庭和社会上的发言权。

因此说来，我们一定要懂得珍惜自己的工作，珍惜自己的单位。

2015 年 3 月，阿里巴巴集团任命童文红为菜鸟网络总裁。或许很多人都想不到，这位令业内熟知的女 CEO，当初在阿里巴巴的第一份工作竟然是前台接待。后来在她的不断努力下，一步步做到了阿里的核心高管。阿里上市后，童文红成为马云背后 9 位亿万富豪的女性合伙人之一，经历堪称传奇。阿里员工对其评价是："气场强大、很真实。"

童文红以前做过 7 年物资贸易，生完宝宝后在家休了一年半假。2000 年 4 月在网上看到阿里巴巴招聘，就去面试。第一次没有被录用，第二次再试，被安排做前台，童文红应聘的是行政助理。

进入公司之后，童文红发现阿里巴巴的前台工作节奏很快，来的人很多，电话量也很大。这对于以前没有太多相关工作经验的童文红来说有些吃力，很多东西她都搞不懂，而且还和同事发生了摩擦。无奈之下，童文红提出了辞职。人事部的领导对童文红说："你是到目前为止第一个主动离开阿里巴巴的人，扪心自问，是不是遇到困难退缩了？可不可以坚持下来试试？"

听了人事部领导的话，童文红抱着试试看的想法留了下来。

这一次，童文红逐渐塌下心来，并努力克服各种困难。半年多之后，童文红被调到客户支持部。3 个月后，诚信通总监找她谈话，问她愿不愿回行政部做行政经理。“过去和他们是同事，而且自己是前台，职位比他们低；现在要带这个团队，是非常大的挑战。”最后，30 多岁的童文红认真考虑了自己的职业生涯，决定接受这个挑战。

事实证明，童文红经受住了考验，职位也一次次得到提升。每次职位提升，童文红都是又开心又紧张。“从未从职位上设计。公司给这个担子，我得挑起来，对得起公司。每次上升，感到肩上的担子更重责任更大了。”

童文红自 2013 年 5 月菜鸟成立之初即担任菜鸟网 COO（首席运营官），近两年来一直是菜鸟网络业务的主要操盘人。2015 年 3 月 26 日，童文红在 2015 中国快递论坛上表示，中国快递市场是一个“神奇的市场”，2014 年全国共发送了 140 亿个包裹，天猫“双十一”峰值达到了 2. 78 亿个，但“居然没有爆仓，美国人听了眼珠子都快掉下来了”。但是这样一个市场里仍然存在 3 个核心问题，菜鸟的任务是用数据给合作伙伴赋能，推动行业利用互联网的思想增加分享，在分享中用创新能力去竞争。

童文红表示，中国快递行业目前存在的 3 个核心问题，一是大家都觉得市场的蛋糕还很大，应该提升服务、提升能力，但在实际竞争中又轻视服务，先抢了蛋糕再说。二是忽视消费者需求，围着商家转。三是技术落后，数据不完整，系统不稳定。“菜鸟接下来会用技术和数据的能力，帮助快递公司提升效率，维护市场环境，让真正用服务、用品质，踏踏实实为消费者提供服务的快递公司成长得更快。同时，加大在平台上用订单培养出多种多样的服务。”童文红说，“我相信中国的未来一定是属于那些用数据做翅膀，用服务赢得未来和消费者的企业的。”

从一个小职员做到了上市公司的COO，在童文红的经历中，我们看到了一个对待工作始终充满热情、对待问题始终积极面对的了不起的女性形象。

同样作为职场人士，我们要想取得理想的成就，也应该像童文红那样，带着积极的态度，凡事往好的方面考虑。

首先，我们要认识到，工作就是职责，职责就是担当，担当就是价值。感谢那些让你独当一面的人，感谢那些给你压担子的人，感谢给你平台的人。因为那是机会，那是信任，那是平台，那是发言权。

其次，我们要懂得珍惜关系。单位的各种关系一定要珍惜，宁可自己受委屈也尽量不争高低。一个人只有能够处理好和自己有工作关系的关系才叫能力。没有工作关系的关系，只是吃吃喝喝、玩玩耍耍，那不属于单位关系。

最后，我们要珍惜已有的。在单位你已经拥有的，一定要珍惜。也许时间久了，你会感到厌烦。但那只是你的心理出了问题。要学会及时调整自己，使自己在枯燥无味的工作面前，有一种常新的感觉和姿势。你已经拥有的，一旦丧失，你就会知道他的价值。也许那个权力很小，但你知道吗？那是无数的先烈用生命和鲜血换来的执政权，而今天你就拥有了一份。你不珍惜，你会后悔一辈子的。权力即使再小，也会有人尊重，也会有人羡慕的。

说到底，职业无分贵贱，工作不分好坏。我们在一个职位上，承担着某份工作，这份工作就会带给我们相应的回报。

摒弃阴郁的心态，以阳光的心态去工作

前几年，一个广告词很火，就是某通信品牌的一句“我能”。这句话很有励志效果。特别是对于意气风发的年轻人来讲，不管是面对生活还是工作，都需要给自己不断地打气加油，相信“我能”，这样才能实现曾经的理想，过上自己最想过的生活。

可是看看我们周围，有太多的人缺乏这份信念，他们在面对一些较为复杂的情况时，常会说“我能做到吗”“我真怕自己不是那块料”“我看还是算了吧，我不行”……

这样的话能表明什么呢？毫无疑问，这充分体现出，在还没去迎接挑战的时候，我们就已经放弃了挑战的机会。这也正是为什么成功的人总是那么少、平庸的人总是那么多的关键所在。因为你认为自己不行，所以你也就真的不行了。

其实，在当今这个时代，每个人都可以拥有很多机会，做出一番以往不敢想象的成就。而这些也只会垂青于那些自信的人。否则，即使有再好的机会，如果觉得自己“不可能”，那么就会真的“做不到”。说到底，很多人之所以失败并不是因为缺少机遇和好的环境，而更多的是因为其消极的人生态度为自己设了限制。

6 年前，牛健毕业于北京某重点高校，他所学的是新闻专业。毕业前夕，牛健经老师推荐去了某知名媒体实习了半年。但是毕业后，他却应聘到一家网络公司做策划。

得知一直成绩优异、各方面能力也很强的牛健脱离了本行，做了策划，很多同窗同学都表示惊讶。不少同学问他，你是学新闻的，而且有过不错的实习经历，怎么跑到网络公司去了？不做记者做策划岂不是所学没能所用吗?

对于周围人的疑惑，牛健并没有正面回答，他说这个问题没有一个完美的答案，自己不知道怎么回答才好。但是他说，他很清楚一件事，那就是不去尝试就不会知道自己真的适合什么。

其实，通过对现实的了解和实习的经历，牛健大致清楚，现在的平面媒体已经远远不像很多年前那样有着当仁不让的媒体地位，因为现在网络的普及和通信的发达，人人都可能成为“记者”，成为“评论员”，所以牛健推断将来平面媒体的市场份额会越来越小，而网络则会在未来很长时间内行走在通信领域的尖端。这也是牛健选择网络公司就职的原因之一。

另一个原因，牛健也很明了，那就是无论从自己的兴趣爱好还是性格特征，相对于做跑新闻的记者或者编辑，不如做一名需要周密思考的策划人员。

经过6年策划工作的历练，牛健已成为某知名网络公司的策划总监。他用事实证明了相信“我能”，自己就真的可以。

不得不说，牛健是个有魄力的人，也是个对自己怀着极大自信心的人。魄力和自信心也是现在很多刚步入社会的年轻人身上所欠缺的两项重要品质。大多数人觉得，自己应该学以致用，不能白白地让大学四年的学习都付诸东流。这种思路没有错，但是我们也要认识到，社会的变化和知识的更新是迅速的、日新月异的。或许四年前刚进入大学校门时，自己选择的专业还是热门的，但四年之后却可能没有了昔日的辉煌，成了“夕阳产业”。

在这种局面下，我们是像牛健那样冲破专业的限制，寻求更好的发展方向，还是一条道走到黑，将专业进行到底呢？想必每个人心里都有一个合理的答案。

回过头，我们还说对自己是否能够相信“我能”的问题。其实，相信“我能”，并付诸实施，结果无非有两种：一种是失败，另一种是成功。如果成功了，当然万事大吉，但即便失败了，也是难得的经历。更何况，任何人都不是生下来就什么都会做的，只有不断地努力，不断地学习，才能具备丰富的知识，提高自身的能力。这样一来，岂不是为后来我们突破那些曾经的“不可能”埋下坚实的伏笔了吗！

要知道，如果我们一直心存顾虑，怕这怕那，那么到头来就会裹足不前，根本无法跨越自己给自己设的限制。这样还有什么进步可言，还有什么前途可期呢？就像被一片玻璃给彻底“挡”在门外的沙丁鱼，即使重新有了机会也只有白白丧失掉了。

曾经有人做过一个实验，他在鱼缸中间放一片透明的玻璃，一侧是小鱼，另一侧是沙丁鱼。我们知道，对于沙丁鱼和小鱼来讲，沙丁鱼是处于食物链顶端的，它会吃掉小鱼。因此，当沙丁鱼发现了小鱼后，便迫不及待地冲上去准备吃。可是每次都会撞上玻璃。几经努力都无效，沙丁鱼逐渐泄气了，它不再冲过去。

又过了一段时间，实验者特意拿走了玻璃板，让小鱼和沙丁鱼真的“同处一室”，可这时候一个奇怪的现象发生了，即使小鱼们在沙丁鱼的身边游来游去，沙丁鱼都不为所动，表现得非常“淡定”。

这个实验结果说明什么呢？显然，它是告诉了我们这样的道理：如果你觉得不可能了，认为自己不行了，那么事情的结局就会真的是不可能了，你也真的不行了。

事实上，没有什么事是“可能”的，也没有什么事是“不可能”的，要想实现目标和理想，我们就不要轻易给自己设定限制。只要行动起来，即使失败一百次，还是要坚持行动，这样才会有成功的希望。

如今是一个崇尚个性张扬的时代，如果我们还死死地揪着自己为自己划定的“界限”不放，那么就会由“害怕做不到”到“真的做不到”，如此一来，我们怎么还有进步的空间，怎么还能赢取人生的辉煌？事实上，自信就仿佛是一根高大的柱子，它能够撑起我们精神领域的广阔天空。我们只有跨出“心牢”，相信“我能”，才会拥有属于自己的美丽风景，我们的人生才会充满希望。

让自卑一边儿去，与自信为伴

工作中，我们经常会碰到这样的情况：同样的人在面对相同的事的时候，常常会出现不同的结果。为什么会这样呢？如果我们仔细想想，就会发现，世上每个人的眼光各不相同，看问题的角度与理解事物的能力也不一样，因此会产生如此大的差别。

为了找到适合做灯丝的材料，爱迪生曾经实验了1200次。虽然他都失败了，但是没有因此而心生胆怯。有人问他："你已经失败了1200次，为什么还要继续?"爱迪生自信地笑了："我的成功就在于发现了1200种材料不适合做灯丝，现在我只要再往下接着找就行了。"正因为有着这样的自信，才让爱迪生面对一次又一次的失败毫不怯懦，最终找到了最适合做灯丝的材料，为自己的人生谱写了精彩的成功篇章。

由此看来，我们在遇到事情的时候，都应当具备这样的信念和态度。这样，我们就会距离怯懦越来越远，离成功越来越近。

一个纽约的商人在回家的路上，看到一个衣衫褴褛的尺子推销员。

于是，他生出一股怜悯之情，把1美元丢到了卖尺子人的盒子里，然后准备走开。可是，他刚要走的步伐却停了下来，返回身从盒子里取了一把尺子，并对卖尺子的人说："我们都是商人，只不过经营的品种不同，你卖的是尺子。"

几个月后，这位商人参加了一个社交场合。这时，一位穿着体面的推销员迎了上来，彬彬有礼地自我介绍道："这位先生，您可能不记得我了，但是我却一直记得您，因为是您给了我自尊和自信。以前，我总认为自己就是个乞丐，直到那天您从我那里购买了一把尺子，并跟我说，我们都是商人为止。所以，我要非常感谢您！"

这个故事中的商人用他的行为拯救了一个内心怯懦、自卑的人，使这个把自己当乞丐一样看待的人找到了自信和自尊，从而开始了全新的生活。

由此可见，很多时候，导致我们不能成功的最大因素，就是我们的怯懦、软弱，以至于缺乏自信。只有当我们相信自己，包括相信自己的能力，相信自己的优势的时候，我们才会为自己开辟一个更为广阔的空间。

我记得在一本书中读到居里夫人曾说过的一句话："生活对于任何一个男女都不是一件容易的事。所以，我们必须要有坚韧不拔的精神，必须要对自己充满信心。一个对自己有自信的人，就能成为他所希望成为的人。”

一位年轻的画家，将自己的一幅得意的作品送到画廊展出，画家信心满满地认为自己用心血打造的作品定能受到众人的赞美。

为此，他还想出了一个主意，在作品的旁边放了一支笔，并附言道：您发现该画有欠佳之处，请标记出来。当第一天展出结束之后，这位画家所展出的作品上被标满了记号，几乎没有一个地方不被指责。

结果大大出乎画家之前的预料，他的信心顿时受到打击。回到家里，年轻画家认真琢磨了一个晚上，忽然若有所悟，于是他赶忙重新画了一幅同样的画去展出。这次和上次不同的是，他留的附言不是让大家挑毛病，而是让观众在他们认为值得称赞的地方标记出来。结果，当这位画家再取回画时，看到画上又被涂满了记号，上面标满了赞美的符号。

通过这个故事，我们可以看出，年轻画家虽然因为别人的指责而受到了打击，但他后面的做法充分表明，他是一个不会轻易被他人的评判操纵的人，他自信却不自满，善于听别人的意见但不会被别人的意见所左右，而这正是作为成功者应该具备的心态。

我想起萧伯纳的一句话：“有自信心的人，可以化渺小为伟大，化平庸为神奇。”的确，世界上每个人看事情的角度都是不一样的，我们没有必要企求得到所有人的赞扬。年轻画家的故事，正好诠释了这个主题。要知道，如果画家在受到指责后，就沮丧不已，认为自己不行，那么他真的就会因此消沉下去，没有信心再继续从事创作了。

由此我们可以反观自身，假如我们过低地估计了自己，那么遇到事情的时候就看不到自己所拥有的能力。这时候，我们很可能会选择依赖他人，受他人的操纵。这样一来，我们就会每失败一次，自信心就受到一次伤害。长此以往，我们所有的行为就会按照别人的意见来行事，一切也就会让别人来操纵，结果自然是不断地迎来如此可悲的事情。相反，如果我们相信自己，深信自己一定能实现梦想，那么我们就会鼓起勇气，勇闯人生风浪。

有一天，一位公司破产的经理向美国著名成功学家拿破仑·希尔求助。拿破仑·希尔看到他满脸沮丧的神情，便带他走到厚厚的窗帘前面，说道："你将看到这世上唯一能使你重获信心并且克服困境的人。"说完，拿破仑·希尔将这块窗帘揭开，此时，出现在那位经理面前的不是别人，正是他自己。

这位经理摸了摸自己有些僵硬的脸，又对着镜子里的人上下打量了一番，然后陷入了沉思。过一会儿，他似乎悟到了什么，便向拿破仑·希尔道了一声谢，转身离去。

几个月后，那名经理再度现身在拿破仑·希尔的面前。这时候的他，已经不再是那个意兴阑珊的失败者，而是从头到脚焕然一新，看上去精神百倍、信心十足。

他告诉拿破仑·希尔："那天，我走进你的办公室时还只是一个流浪汉，后来是你让我对着镜子找到了我的自信。现在我有了一份收入不错的工作，我相信以前的成功还会到来的。"

其实，成功最可靠的资本就是自信，而最大的阻碍就是胆怯。我相信，一个人只要相信自己的价值，并能够充分发挥自己的长处，就会保持奋发向上的激情，取得最终的成功。

主动竞争，勇于接受任何挑战

工作中，我们总是会遇到这样的人：一种是单纯地听从上头的指示，领导让干什么就干什么，让怎么做就怎么做；还有一种人，接到一个任务的时候立刻会想用什么方法解决问题。通常情况下，老板会选择后一种员工，他们始终走在别人前面，比别人领先一步。

只听指示行动的员工就像棋盘上的棋子，不但有人控制他的每一步行动，甚至还掌控他的生死，这样的员工也叫执行者，但是却永远不会成为真正的执行者，只是处于一个被动的执行状态。没有事情可以照搬模式的做好，一个不懂脑筋干活的职员就像被绳索套住的老牛，就算埋头耕种再多，也是被人牵着鼻子走的，有时候他们不但不能把事情做好，更有可能成事不足、败事有余，这样被动的执行往往会使领导不满意，想做事的人成千上万，而老板要的是会做事的人。当一个员工在老板眼里成了一个可有可无、随时可以替代的对象的时候，不说会被委以重任，想要保住工作都是一个问题。

有一群和“棋子”员工不一样的员工，他们在做事情的时候能全面透彻地分析问题，找出问题的关键，然后用最有效、最直接的办法将事情解决，他们从来不会干等上司指示，因为在遇见事情的时候在他们的大脑里就形成了一套基础的解决方案。这群人总是把公司的事情当作自己的事情去做，不但把工作做好，而且做得漂亮，让老板看了之后心情愉快。没有一个老板不喜欢既为自己分忧解劳又为公司创造利益的员工，所以他们的升迁和加薪就成了理所当然的事情。

某公司因为经营得非常好，就想在城市的郊区再开发一个新市场，扩大生产规模。公司高层决定新市场的销售经理由公司内部的两个销售经理竞争，要他们各自回去准备一套方案，阐述自己对新市场开发的计划。

这两个经理平时在公司就一直暗地里竞争着，所以当知道是做新市场部销售经理后都非常想吃掉这块肥肉。经理 A 是一个观念保守的人，他的销售观念和管理方法是多一事不如少一事，领导怎么说就怎么做，这样即使做错了，责任也摊不到自己头上，业务不好也是领导治理无方。他对待下属也是这样，从不允许手下的员工擅自更改领导传达给他的意见，更不允许他们自作主张地做事情，所以，他管辖的部门里死气沉沉，业绩也从来提不上去。

经理B则完全相反，当上面下达一个任务的时候，他总会仔细地研究一番，并且从不吝啬和自己的员工探讨，他要的效果只有一个，就是力求用最快的方法将问题解决，提高本部门的办事效率。在他的带领下，他手下的员工个个都像雄心壮志的野豹子，做起事情来游刃有余，部门业绩从来都是全公司名列前茅。

两个经理都以最快的速度把他们的提案交上去了，结果不出所有人的意料，公司派去新市场的是经理B，因为他在提案中不仅说了自己会怎么管理新市场，还结合了郊区的实际情况，全面分析了扩大生产规模所产生的影响，以及新市场的销售对象和发展前景，整个提案条理清晰，井井有条。经理A的提案尽管也是井井有条，但是从头到尾都没有提出一套具体的方案，整个提案贯穿的都是唯领导是从的思想，与其说是商业策划提案，不如说是政治论文更贴切一些，公司领导看后都哭笑不得。

很多公司员工都有经理A的思想，他们觉得他们在公司的任务就是干活，而不是工作，因为工作是需要带着脑子思考的，而干活就只需要听从老板的指示，而超出指示范围的事情不是他们应该干的活。他们从来不会有自己的工作思想和工作意识，上班的时候没有一个系统的工作概念，只知道有事情就做，没事情就歇着，很显然，这样的员工不可能会受到重用。

很多事情，成功与不成功就在这一步之间，凡事比别人多想一点，始终走在别人前面的人，即使没有基础自己创业，但是不管走到哪个公司，都绝对是一个老板舍不得放弃的好员工。

活在当下，精彩每一天

伴随着社会竞争的日趋激烈，越来越多的人开始马不停蹄地“打拼”着天下，以至坊间流传着这样一句话：40岁前用命换钱，40岁后拿钱买命。从这句话中，我们也可以看出，人在年轻的时候，对于事业的那种无限的追求，以至于连身体的健康都不在考虑之列，一心认准了挣钱、成功！

之所以如此，其主要原因是人们都希望在未来能过上更富裕、更轻松的生活。可是我们是否想过，这种想法和做法是不是在向明天预支烦恼呢？事实上，当我们心里总在考虑未来的时候，我们的心也就难以安宁下来，更别谈放松了。看看街上匆匆的行人，似乎每个人都忧心忡忡、满腹心思：打工者会忧心年底裁员会不会有自己的名字；投资者会焦虑明日的股市变化；做生意者揪心将来的赢利变化……可是事实上，那些担忧的事，能提前解决吗？

对此，攻读心理学博士学位的皮特认为，那些经常愁眉不展的人，往往有个最大的特点，就是总是对曾经的美好念念不忘，对未来的幸福充满期许，唯独看不到现在，看不到当下所拥有的一切。而那些幸福指数高的、看上去活得快乐的人们，则是全心全意地关注着眼下的生活，不思恋过去，也不忧愁将来。

之所以形成这么强烈的对比，是因为后者更懂得生命本身的意义。他们知道，每个人都无法让过去做出任何改变，也无法对未来指手画脚，人能够抓得住的只有现在。

事实上也确实如此，在每一个时刻，我们所能做的、所能想的只能是“现在”的事，能带给我们实实在在的或美好、或痛苦的感受的，也只有现在的一切。正是这一切，让我们的心为之跃动，让我们的脚步走得扎实，也让我们更加充分地领略着人生的丰富多彩。

《圣经》中阐述这么一段话：“不必为生命而忧虑吃什么食物，喝什么饮料，也不必为身体忧虑穿什么衣服。生命不胜于饮食吗？身体不胜于衣裳吗？要知道，明天自有明天的忧虑，一天的难处一天当就够了。”

从这段话中我们可以认识到，过早地为明天担忧，为那遥不可及、未必会出现的烦恼焦虑，给好端端的今天披上不安的外衣、着上灰暗的颜色，只会让自己活得气喘吁吁，过得分外狼狈。

科学实验积累的上百万组数据表明，人的生命体会随着精神状况（意识）的不同而有能量强弱的起伏。霍金斯博士运用现代科学的研究方法，发现了存在于我们这个世界的隐藏的人类意识表。一个有关人类所有意识的能级水平的表格（如表 3 所示）。相信这会让你大吃一惊。根据这个表，可以把人类的意识映射到 1 ~ 1000 的频率标度值范围，一共划分为 17 个能级。

表 3　　人类意识表

神性观点	生命观点	水平	数量级	情绪	过程	结果
真我、梵	存在	开悟	700 +	不可说	纯意识	合一、无我
一切生命	完美	平和	600	天佑	启发	通灵和永恒的状态
禅、单独的	完全	喜悦	540	平静	变形	耐性慈祥、平静乐观
有爱的	和蔼	爱	500	敬重	揭示	聚焦美好、真正幸福
贤明的	意义	明智	400	谅解	提炼	科学、医学创造者
仁慈的	和谐	宽容	350	宽恕	卓越	自己是自己命运的主宰
受鼓舞	有望	主动	310	乐观	意图	全然敞开、真诚友善
能动的	满意	淡定	250	信任	豁免	灵活和有安全感
许纳的	可行	勇气	200	肯定	能动	有能力把握机会
无关紧要	苛求	骄傲	175	嘲笑	膨胀	自我膨胀地成长
复仇	敌对	愤怒	150	憎恨	侵略	导致憎恨、侵蚀心灵
否认	失望	欲望	125	渴望	奴役	上瘾、贪婪
惩罚	惊恐	恐惧	100	忧虑	退隐	妨碍个性成长
轻蔑	悲剧	悲伤	75	遗憾	失望	充满对过去的懊悔、自责和悲恸
谴责	绝望	冷漠	50	绝望	退让	世界看起来没有希望
报复性	罪恶	内疚	30	责备	破坏	导致身心疾病
轻视	悲惨	羞愧	20	羞辱	消灭	严重摧残身心健康

能级 250 是一个人过上有意义、顺意生活的开端。因为这是一个人出现自信的能级。当某人的能级由于外在条件而降到 200 以下，他就开始丧

失能量，变得更加脆弱，更加为环境所左右。一个人有的时候能级高，其他的时候能级低。他的能级水平是所有这些时候的平均数。能级的起伏跟一个人的心境直接相关。

这也就解释了，当你喜悦的时候，当你处于那些高能级的心境的时候，你的吸引力会呈成千上万倍地增强！

有统计数据表明，困扰人们的90%的烦恼都不是必需的，大多数烦恼只存在于自我的想象中。人们往往会在真实可触的今天，为自己那些臆想出来的烦忧而郁郁度日，所谓一心有滞，则诸法不通。既然如此，我们何不退一步考虑？或许会有另外一番意想不到的美景正等待着我们呢！

第二次世界大战时期有一位名叫布莱克伍德的战士。他的生活一直充满着这样那样的困境。尤其到了1943年夏天的时候，由于战争的到来，似乎世界上所有的坏事都落在了莱克伍德的身上，令他苦不堪言。

由于大多数男生都应征入伍，使得布莱克伍德所办的商业学校出现了严重的财政危机；他的大儿子也在军中服役，生死未卜，和天下所有的父母一样，他无时无刻不在为他担心，责骂战争；他的女儿马上就要高中毕业了，上大学得花费一大笔学费，可他根本没有这笔钱；他的家乡一带要修建机场，土地房产基本上属无常征收，赔偿费只有市价的十分之一……

这些令人焦虑的事，让布莱克伍德的心里像压着一块石头一样沉重，他没日没夜地苦想着对策。一天，他坐在办公室里把这些事情一条条地写下来，又开始了冥思苦想，却束手无策，最后只好把这张纸条放进抽屉。

后来，布莱克伍德说：“我痛苦了那么久，结果后来政府拨款给训练退役军人，没多久我的学校就招满了学生；我担心自己的儿子在战争中受伤，可最后他毫发无损地回来了；我担心女儿的教育经费凑不齐，可她因成绩优秀被中学保送上大学；我担心土地被征收去建机场，可后来因为住房附近发现了油田，我的房子没有被征收！”

根据自己的经历，布莱克伍德得出了一个结论：“其实，99% 的预期的烦恼是不会发生的，为了根本不会发生的情况而痛苦不堪，饱受煎熬，真是人生的一大悲哀！”后来，他据此写成了《99% 的烦恼其实不会发生》这本书。

可见，生活中的大多数预期的烦恼都是不会发生的，我们真的没必要生活得那么痛苦。

这个世界上多数的悲剧都是由人们瞻前顾后所造成的。很多人总是被未来的“得不到”和曾经的“已失去”这两种痛苦状态给缠绕，以至于自己的人生毫无乐趣！其实，这是一种在生命的表层停留不前的思想形态，也是追求幸福生命质量的最大障碍。在这种想法的支配下，人们容易迷失自己，丧失平常心。这样，又怎么能够收获幸福呢？

既然如此，我们何不让自己静下心来，将一切看淡一点，不念过去，不愁将来，而是好好抓住真实可感的现在呢？若如此，我们便会发现侵扰我们的痛苦和忧虑不值一提，而快乐却萦绕在我们左右，幸福也已在不远处向我们招手。

革新自己的“心智模式”

心智模式（Mental Models）是指每个人在探索周围环境的过程中，形成的对于外界的认知地图，就像开车使用的导航器一样，它能指导人们对于外界的看法和行为，即隐含着关于处理周围世界各种问题的方法和思想，即心灵地图。

前不久，美国《福布斯》杂志公布了 2015 年度全球亿万富豪榜。和 2014 年相比，2015 年新上榜的富豪增加了 181 人，达到了破纪录的 1826 名，而新上榜富豪也达到了 290 人，其中近四分之一是中国人。

2015 年上榜的女富豪人数比 2014 年增加了 25 人，达到了破纪录的 197 人，其中 29 人属于白手起家。立讯精密（002475. SZ）董事长王来春便是其中之一。

王来春凭借其 13 亿美元（约为 81 亿元人民币）的身家再次入选“2015 福布斯富豪榜”，和其兄王来胜并列排在全球富豪第 1415 位。

据公开资料显示，王来春是富士康在大陆的第一批打工妹，1988 年起，在台湾鸿海精密下属富士康线装事业部工作近 10 年，做到了大陆员工的最高职位。1997 年离开富士康自主创业。

创业之初，王来春得到了富士康的大力支持。多年来，富士康都是公司的第一大客户。王来春坦陈，20 多年来，她感受最深的一句话，就是“机会总是留给有准备的人”。今天付出了努力，打好了基础，就是在为明天和后天做铺垫，当机会来临的时候自己就能好好把握住，并逐步走向成功。

她是这么说，也是这么做的。

在富士康的 10 年间，王来春从底层员工的身份一步步上升，最终进入到了管理层，做到了当时大陆员工在富士康的最高职位——课长。

离开富士康自己创业后，王来春同样做到了辛勤努力、坚持不懈。2010 年，立讯精密在深圳上市。以上市当日收盘价每股 39. 99 元计算，王来春个人身家已达 23 亿元，兄妹俩身家达 46. 4 亿元。

当谈到自己的经历时，王来春表示：“在富士康工作的 10 年中，我学到了不断革新心智模式的工作作风和工作理念。我自己的公司从建厂的 100 多人，发展到如今的近万人，虽然期间经历过许多挫折，但我坚持用在富士康学到的一套管理模式来经营，事实证明它是正确的。”

正是因为敢于革新、善于革新自己的心智模式，让王来春成为了享誉全球的大企业家。

毋庸置疑，外界环境已经日新月异，如果一个人的心智模式不随之改变或革新，就很难有机会成功。如果一个人继续用前半生学习来的心智模式重复后半生，那人生就可能白活了。许多人衣服穿几次换新的，车开了几年换新的，房子小了换大的，可是一辈子都在使用一套心智模式，这就是普通人平庸一生的重要原因。

同样作为职场人士，我们也应该像这位富士康的老员工那样，反思一下自己的职业环境，给自己设定一些新的目标，因为时不待人，我们必须坚决革新自己的“制造业心智模式”，我们的人生才有可能更上一层楼。

一个 7 年老员工的离职忠告：浮躁的年轻人请耐心读完

一位在职场工作了 7 年的老员工离职了，对于和公司同事、领导的相处，还有如何处理心态问题，他给出了自己的忠告。在职场，很多时候不是凭着一腔热血或是埋头苦干就能顺利。心态、技能、细节、职业规划，我们要做好的还有很多。

1. 如果你足够努力，你可以成为一个“精神灵魂”

每个公司、每个社区，都需要不止一个“灵魂人物”。用户中需要培养符合品牌气质、对你的品牌起到正向作用的用户中的灵魂，企业里需要培养资产、项目里的灵魂，这种人越多，企业便能更好地发展。

一个企业里的“精神灵魂”需要具备什么？答案就是特质。

所谓特质，其实就是骨子里面的东西。你的小宇宙有多强，决定了你会把事情做到何种程度。比如责任心、态度、对细节的关注、坚忍和坚持、逆境商、做事的魄力、价值观，等等。这些东西里有些是先天的，大部分却是后天可以培养出来的。

如果用冰山模型加以区分，你会发现这些特质基本都是冰山以下的那些东西，而这些东西需要长时间的磨砺，但很多人都在试图避过这个环节，因为我们都渴望顺境。很多人频繁跳槽，这种人一定成不了大事。

我说我愿意用10年时间来磨炼自己，可以受任何委屈、任何苦楚、任何不理解，摈弃钱的诱惑，积累冰山以下的东西，换我未来10年、20年的生活。很多人说我傻，我相信傻人早晚会有傻福。

2. 公司、同事和你的关系

谁都想去一个好的公司，能给未来的自己积累到最好的筹码。其实人生就是选择，机会往往稍纵即逝，关键在于自己不要后悔（当然后悔也是没用的）。

很多人，在不断的选择、跳槽中，彻底迷失了自己。其实去任何公司，哪怕这个公司再烂，只要你足够用心，都能学到很多有用的东西，无心者去哪儿都一样。我们都在找一个终点，但永远不知道终点究竟在哪儿。与其这样，不如好好地完善自己。

厉害的公司的确能给你一个光环，但不代表你就厉害。一定要在一家公司好好沉淀个三四年，切莫荒废了自己。

用人单位最看重的是什么？他们更看重你在以前公司积累的内在的东西，不是你平时做什么，而是你做出了什么成绩、你有什么资源、你在这个公司的成长轨迹、因为有你给这个公司带来了什么。

离开了这个公司，你还剩下什么？很多人很可悲。

现在这个社会太浮躁，太多人抱怨自己的公司如何如何，抱怨自己的领导如何如何。抱怨是徒劳的，他们不会因为你的抱怨而改变，至少本质不会变。关于这个问题，我给6个字：要么忍，要么滚。

这个世界上没有完美的人，公司也如是。你要明白自己在这个公司，真正需要的是什么？如果值得挖，请深挖。如果爱，请深爱。领导也一样，他们能成为你的领导，就一定有比你强的地方，他好的地方，你跟着好好学就是了。觉得不行，那就另谋出路。

3. 年龄越大，经历的事情越多，心态越重要

我也曾经极度心理“爆棚”过。差不多3年半以前，我当时觉得自己

特别了不起。做贴贴，我们最多时也就5个人的团队，花了2年时间，就超过了大杂烩。包括无线，我一个人兼着做的。大号微博当年我做起来的，那会儿都不算我的绩效，2010年做了50万粉丝，纯粉，没刷过，网络媒体排名第一。人人2个页面，一个我打理的，一个我接手的。有的在QQ空间上面的空间点击，一年做了三四千万点击量。后来在这些的基础上成立了第三方运营部门——SEO（搜索引擎优化）部门，是我组建的。当年很多搜索量最高的关键词，有不少也是我做的。

后来呢，我吃了很多亏，明白了很多事情。慢慢心态也越来越平和。

人生是一所大学，很多事情是你永远也无法理解的。我们一直需要学习，包括人性。这个世界上，比自己厉害的人比比皆是。不要对别人过于苛刻，不必勉强所有人都和你一样。这次离开也一样，我可以坦然。因为我已经很尽力，我的付出已经太多了。

4. 感恩用户，感恩你的团队，感恩曾经帮助过你的人

人要懂得感恩。

我真的很感谢用户，这些年，没有那些一直支持我的用户，我也不可能一直坚守。社区的核心是用户，用户永远没错。

关于团队，这些年从他们身上，我体会到了很多。南迁那会，当时的很多运营陪我坚持到了最后，我很感动。

帮过我的人很多，包括老板，在我最困苦和徘徊的时候提拔了我，我也是跟他最久的员工。懂得感恩的人，才会毫无保留地把自己的潜能爆发出来，投入到工作中。

你需要不断更新自己的思维、扩充自己的视野。

这个世界变化太快，随时你都可能被淘汰。其实想下，我挺感谢这点认识的。我从来不满足于自己现有的知识面，总是去学习和接受一些与工作相关的新东西。乍一看，我做过的东西很多很杂，其实慢慢会发现，做事的逻辑都是相通的。

艾瑞上有个网络媒体排名，2006年我整整研究了一年，后来养成了每

周都看的习惯。为了培养数据运营的意识，7年以内，数据我从来都是手算，坚持了7年，手稿我都留着。2009年做贴贴时，是我成长最快的时间段，我学会了强逼自己，所有运营手段，我开始不停地轮流尝试。所有产品线的逻辑，我全部都懂，我从来没让自己远离过一线。有几个人知道我背后付出过多少努力？

你的视野多大，决定了你能做多大的事情。考虑的面越大，你的高度就会远远在其他人之上。如果你有能力接触或者学到东西，那就多学一点吧，没有任何坏处，对你百利无害。

5. 从小事做起，从细节做起，“一屋不扫，何以扫天下”

很多人问我如何才能做好运营，除了态度和责任心，这取决于你会在这个工作上花多少时间。运营，其实远远没有很多人想象得那么简单，而且现在真正重视运营的公司并不多。运营是做好社区的一个最便捷的门槛，谁都知道懂运营、懂用户的产品人员，价值会更高。运营其实很细很碎，基本功太关键。

卖油翁的故事告诉我们熟能生巧、实践出真知。道理永远是道理，不去做永远进不到自己的肚子里。

现在眼高手低的人很多，事情没做到位，或者做了一点点，便自鸣得意了。还有没做就先发表意见的所谓的“聪明人”。我喜欢务实的人，哪怕再笨，也会给几次机会。

抠细节的人往往会被说成固执，殊不知，工作就是由细节组成的。一个好的产品，一定是在不断的实践中，一点点抠出来的，加上一定的机遇。

6. 学会自我排解烦恼，学会自我激励有时候可能更重要

我其实也会吐槽，毕竟我也是个自然人。这些年的确不容易，但这些也都是自找的，怨不得别人。

说实话，我的努力，远远没有换来我的预期，至少没有给我换来好的

生活，唯有经验更可贵。马云说的所谓“钱没给到”“心委屈了”，简直是小儿科。我一直靠自己对自己的认可，支撑着自己。也许这很单纯，这意味着要舍弃很多东西。

其实自我认可、自我激励，一个根本的目的在于帮助自己找到自信。我曾经很自卑。

自我认可需要从小事看起，哪怕你在一个帖子上做得比别人更极致，在某一个细节上比别人想得更到位，也该为自己加油和叫好。慢慢地，你就会发现，你很多工作，都会超出其他人了。

“树犹如此，人何以堪”，事情做完了，我也长大了，我需要新的起点，我需要新的生活，所以我走了。

在未来，希望你能全身心地投入到新工作中，做一个更好的自己！

职业人士必须具备的 5 种阳光心态

在工作过程中，每个人都不可能一帆风顺，总会遇到这样或者那样的困难。如果把这些困难比喻成一座座山峰，那么我们就要做一个全力以赴的攀登者，不然就只能在山脚下哭泣。请相信，只要我们保持满腔热情，全身心地投入到工作中，那么就不会有跨不过的高山。

所以作为职场人士，我们应该始终保持积极阳光的心态，让自己以饱满的热情投入到工作中去。概括来说，职场人士最需要具备的有如下 5 种心态。

1. 主动发现问题，把问题消灭在苗头状态

在很大程度上来讲，工作就是解决问题，只有一一把问题都解决掉，员工才能够做好工作，企业才能取得发展。但是，要想解决问题首先要有发现问题的眼光——如果一个员工连问题都发现不了，又何谈解决问题呢？

发现问题的魅力在于思维反应超前，能充分掌握主动权，把可能遇到

的困难和问题消灭在萌芽之中，避免它们给工作带来不必要的损失，有效节省时间、人力、物力、财力，堪称“绩优股”。

在实际工作中，有太多人就像是温水里的青蛙，只知道按部就班、安逸现状地做工作，对待问题则是“兵来将挡，水来土掩”。如果发现领导对此有意见，他们要么装作没听到，要么为自己找一些客观理由来开脱。如此一来，自己的能力不但得不到提升，工作效率也会低很多。这是因为，问题的存在会随着工作的进展而不断地发生改变，暂时没有发现问题并不代表没有问题，一个始终不能得到解决的问题足以导致工作向更糟糕、更严重的方向发展。所以说，与其“亡羊补牢”，不如事先就固牢羊圈，不给狼把羊叼走的可乘之机。

真正优秀的员工知道未雨绸缪，高瞻远瞩，充分发挥自己的智慧，去努力发现工作当中潜在的问题，认真地思考这些问题，以便用最快的速度找出解决问题的有效方法，将工作尽善尽美地完成。

2. 善于解开工作中的“死结”

现代社会发展迅速，经常会在短期内带来翻天覆地的变化，给我们带来一道道新的难题，设置一个个新的“死结”，有些问题我们可能闻所未闻，认为是不可能完成的任务，从而陷入解决不了的困境。这个时候，我们一定要对自己有信心，告诉自己“一切困难都是纸老虎”，一切“死结”都能解得开，只要我们找到合适的方法，就可以解决工作中的任何难题。请相信，任何奇迹都是人创造出来的，我们一定能找到那条解决问题的路，即使没有，我们也要开出一条来。

3. 寻求合作，借助团队力量解决问题

每一个个体都有一定的不足，但是团结在一起就是一个强有力的团队，就是一个战之能胜的团队，就是一个一步一个胜利的团队。在他们身上，我们看到的绝对是“1 + 1 > 2”的完美执行力。

优秀的团队能够成就一个企业的辉煌，而一个一盘散沙的团队必将断

送企业的前程。同样的，每一个员工在工作中都应该跟他的同事优势互补、取长补短、团结协作，从而形成合力，使整个团队以强大的动力向着公司的战略目标前进，实现个人和企业共同发展的良性循环。

4. 羞于落后，永远向优秀者看齐

每一个人都有优点和长处，每一个人也都有缺点和短处。只有虚心向别人学习，做到取人之长，补己之短，我们才会有进步。要知道，任何环境下的学习其实都是一种收获，但这种收获必须建立在付诸行动之上。只有这样，才能在收获的时节让自己盆满钵溢。另外，我们还需要从正反两方面向他人学习，既要学习别人的成功之处，也要善于从人家那里借鉴“缺点”以免重蹈覆辙，这也就是所谓的批判性学习。

总之，尺有所短，寸有所长。如果我们能客观地看别人与自己，就会发现自己的不足、别人的优点，就会吸取别人成功的经验，从而不断完善自己。

5. 面对困难，要有永不放弃的精神

人们在做一件事情的时候总喜欢早点知道结果，但是获知结果的过程往往都是非常艰难的，成功和失败总是只有一步之遥，能够坚持下去的，才是笑到最后的最终胜利者。工作中，有的员工遇见困难也许会尝试着想办法解决，但是屡屡解决不了的时候就产生了放弃的念头，却不知道，也许再试一次，自己就能成功地将问题解决。优秀员工和不优秀员工的区别就在于此，和那些轻易放弃的员工不一样，一个有着永不放弃精神的员工有一种不达目的誓不罢休的傻气，他们是倔强的驴，不将问题解决就不会罢手，他们用执着的信念和坚定抵岸的决心让老板相信他们，对他们委以重任。

坚持正能量，人生无所惧

如果把我们身处的岗位比作一片沙漠，那么我们要想在自己的岗位上

获得成功，就必须从这片沙漠中走出去。

走出沙漠的窍门是什么？那就是选择一个明确的目标，只有拥有了明确的目标并向着那个目标不断迈进，我们才有可能走出这片“岗位沙漠”，成就自己在岗位上的丰功伟业。如果我们没有明确的奋斗目标和努力的方向，我们就会在一个区域内不停地兜圈子，直到耗尽了青春才发现自己已经被困死在这片“岗位沙漠”之中了。

李·艾柯卡这个名字中国人可能不是特别熟悉，但在美国企业界却绝对是一颗光彩照人的企业明星，在美国，他的名头可一点都不比比尔·盖茨、沃伦·巴菲特这些举世瞩目的社会精英来得小。李·艾柯卡之所以能够达到这个高度，这跟他在开始奋斗前就有一个非常明确的奋斗目标是分不开的。

艾柯卡大学毕业后进入了福特汽车公司实习，成了福特的一名见习工程师。可是艾柯卡志不在此，他对整天同无生命的机器打交道的工作已感到索然寡味。他想去做销售工作，因为他觉得搞技术晋升得实在是太慢了，只有做销售才有可能实现他在35岁前当上福特公司副总裁的宏伟目标。终于，公司经不住艾柯卡的软磨硬泡，终于把他调到了销售部门当了一名推销员。

由于艾柯卡的虚心好学，他很快就懂得了如何说服顾客、如何揣摩顾客的心思等推销员必备的本领。不久，由于业绩突出，他被提拔为宾夕法尼亚州威尔克斯巴勒地区的销售经理。几年后，艾柯卡又被提为费城地区销售副经理。

如果艾柯卡没有执意要改行做销售的话，恐怕到现在还仍然只是个小小的见习工程师呢。这时，福特公司推出了他们最新款的56型车，为了扩大销量，艾柯卡推出了“56元换56型”的销售计划：顾客买一辆1956年型的福特新车，先付20%的钱款，以后每月付56美元，3年付清。艾柯卡创造的这种最新的销售方式果然大受当地居民的欢迎，仅仅3个月不到，福特汽车在费城地区的销量竟然奇迹般地从原来的最末一名一跃成为第一名。

很快，艾柯卡所创造的分期付款销售模式得到了公司的高度重视。于是，福特公司开始将这种推销方法推广开来。一年后，公司的销量猛增了7.5万辆。艾柯卡由此声名大振。不久，为了表彰艾柯卡的功绩，福特公司晋升他为整个华盛顿特区的销售经理。

半年之后，艾柯卡被调到了福特公司总部工作，担任两个销售部的部门经理一职。在总部，除了他为人所熟知的销售才能之外，他又显示出了非凡的管理才能，这使得他深得上司麦克纳马拉的赏识。

4年之后，艾柯卡的上司麦克纳马拉升任总裁，于是，他接替了自己老上司的副总裁和福特分部总经理的职务。这时候，艾柯卡年仅36岁。

艾柯卡能在36岁就当上福特公司的副总裁，这并不仅仅得益于他卓越的销售才能和管理才能，更是因为他从进入福特公司伊始，就为自己定下了一个奋斗的目标。虽然这个目标在绝大多数人看来都是天方夜谭，但正是由于这个目标对他的不断指引，才使得艾柯卡坚定地朝着一个方向不停地奋斗，并最终从一个小小的推销员扶摇直上而成为福特公司副总裁，可谓是创造了在自己岗位上创业成功的经典案例。

无独有偶，“旗袍先生”崔万志也是一个始终坚持正能量、坚持创业的人。崔万志曾经表示：“人生真的没有过不去的坎，只要你想办法，它一定可以过去。”

1976年，崔万志出生在安徽省肥东县的一个农民家庭。由于难产，他的大脑受到了一定的伤害，导致讲话不流利，行动也迟缓，甚至到了5岁才开始学走路，9岁才开始上小学。

因为身体的残疾，让崔万志的生活和求学之路比同龄人多了太多的苦难。但他却凭借着自身那股不服输的劲头，克服了种种困难，终于在1995年的高考中，以优异的成绩考上了新疆石河子大学。

崔万志选择的是经济管理专业。大学毕业后，他回到家乡合肥，开始了创业生涯。

起初，崔万志摆小地摊，卖一些小商品。这在别人看来并不尊贵，甚至有些卑微的工作，可是崔万志却充满了自信，这种自信甚至让他收获了自己的爱情。“他最吸引我的地方就是自信，在认识他之前，我从来没有见过像他这么自信的人。所以（认识之后）我们就走到一起了。就这么简单。”这位女士叫李雅，也是一位残疾姑娘。她和崔万志相互鼓励，相互帮助，他们的事业也日益壮大。从地摊主到书店老板再到百货商店老板，崔万志不断变换着自己的职业，生意也越做越大。在接受媒体采访的时候，崔万志说：“一开始完全是为了谋生，慢慢地，觉得自己可以养活自己，自己可以赚钱的时候，那时候的想法就不是谋生了，我不知道这叫不叫梦想，就是想证明自己还是有能力做更多的事的。至于说这些事是不是自己喜欢的，那是另外一回事。（直到）在网吧里面，我自己其实真正发现了自己的热爱了，（只要我）有一台电脑，我可以通过这台电脑和全世界连接，我觉得在这个虚拟世界很公平，我没有什么不方便的。”

于是，崔万志决定做一项自己热爱的事业，他开始做淘宝网店、卖服装。这对于崔万志和他的妻子来说，是完全陌生的领域，所以做起来并不顺利。一开始他和妻子为了省钱只能在家里办公，而为了进货，他们还要克服身体的种种不便，跑遍全国各地。更大的压力来自市场的残酷竞争，随着淘宝的声名鹊起，上百万的创业者加入了电商队伍，崔万志的很多电商朋友纷纷破产了，而崔万志也背负了400万元的债务。但他一直都没有放弃。

“2012年过年，我天天看数据，我发现旗袍虽然在淘宝上卖得也不好，但是没有多少人做。我是通过数据分析（发现），旗袍的市场很大，只是大家普通（商）人没看见（这个商机），（大的）商家看不上，假如中国100个人中有一个人喜欢旗袍，13亿人就得有1000万人会喜欢，他们可能就会知道我这个店，这个市场不小。”

我们知道，旗袍是很有中国传统特色的女性服装，曾经因为其高贵的气质和修身的设计在20世纪二三十年代风靡全国。近年来，生活水平日益提高的中国人又开始了对服饰美观的追求。崔万志的乐观就来自对这一市场现象的判断。

说起来容易，但做起来可没那么简单。真的开始做旗袍了，崔万志和员工们很快发现，旗袍的工艺很复杂，他们不得不从零开始："很多的手工，很多的东西都不懂，到处去学，我带着我们家的员工去上海、深圳去学习工艺，学了几个月。一开始一个月也就做十万八万（营业额），后来发现在淘宝上卖旗袍的都卖100块钱、200块钱一件，那我们定位一下就定到五六百元一件，真丝的，那时候大家有意见，说淘宝上本来就都是便宜货，这么贵有人买吗？其实有人买，现在我的旗袍一件卖到两三千元在淘宝上，照样有人买。"

如今，崔万志已经从2007年成立之初一家三口的"家庭式作坊"，成长为了现在的拥有上百人团队、厂区面积接近8000平方米的全球十大网商之一——"雀之恋"。在这里，不同的消费者可以根据自己的身材和要求在这里定制专属于自己的旗袍。崔万志本人也被网友亲切地称为"旗袍先生"。

这就是崔万志的创业故事。创业路上总不会一帆风顺，但是能够从中获得快乐，便是坚持下去的理由。

作为职场中的一员，我们要想实现自己的职业理想，想让自己在职业生涯中多一些快乐和成就，那么我们就必须让自己充满正能量，这样才能无所畏惧地面对眼前的一切困难。随之而来的，才是我们一步步向成功靠近的步伐，才是困难和压力被我们越甩越远的景象。

第五章　幸福在于把握，主动让幸运敲门

——尽管去做，消极时代要有积极人生

智者的幸运观：有目标的人更幸福

成功需要聪明才智，需要促使我们成功的机遇。但仅有这些还不够，在智者看来，取得成功的关键不是力量，而是方向。只有坚定目标，并保持一颗实现目标的恒心，再付诸相应的行动，我们才能笑到最后，笑得最好。要知道，这个世界上没有空中楼阁，成功，就是“目标+行动+坚持”，一个人有了目标，加上积极的行动，再加上毅力和坚持，才能得偿所愿。

我们一起来看看下面这个关于从非洲贫妇到美国博士的报道：

特莱艾·特伦恩特曾经是一位非洲贫困农村的普通妇女，30多岁的她，已经是5个孩子的母亲，并且很不幸地忍受着身患艾滋病的丈夫的家庭暴力。

然而，这一切，并没有阻止她放弃人生的追求。直到2009年，《纽约时报》的一则报道让人们看到了这个普通女性不普通的经历。44岁的她在美国西密执安大学获得了哲学博士学位。

接受教育一直是特莱艾的梦想，然而她只上过一年的小学。贫困的家庭，父母的不公，这些或客观、或主观的因素让她不得不中断学业，回到家里。

辍学之后，渴望学习知识的特莱艾偷偷地让哥哥教她。在她做功

课的石头上，特莱艾用一张小纸写下了自己的4个人生梦想——出国留学，读完学士、硕士和博士。然后，她按照非洲人的传统将写着这4个梦想的纸条放进一个瓦罐里，埋在家门口的这块大石旁。

岁月不居，时光流逝，一晃十几年，特莱艾已经是5个孩子的母亲，并且常年忍受着患艾滋病丈夫的家庭暴力。眼看着自己的梦想就将被深埋于非洲大地，终于，特莱艾等来了改变命运的时刻。一个国际援助组织的志愿者团队路过她居住的村庄。在与村妇女交谈中，特莱艾向带头的一位志愿者乔·拉克女士说出了自己的4个梦想。

乔·拉克的女士并没有对这位小学一年级文化程度的家庭妇女和这4个"荒谬透顶"的梦想轻描淡写地例行公事，而是告诉女主人公一句鼓舞人生的话——只要有梦想，你就能实现。

千里之行始于足下，特莱艾从为国际援助组织工作开始，攒下工资攻读函授课程，从小学课程一直补到高中。1998年在国际援助组织的帮助下，她被美国俄克拉荷马州立大学录取进本科学习。

梦想是美好的，现实是残酷的。很快，留学梦变成了噩梦，非洲的贫困生活变成了美国式的贫穷。微薄的助学金，上学的孩子加上无所事事的丈夫，一家人被迫挤在冰冷、残破的车式房子里。

特莱艾实在不想放弃，于是她不得不打几份工，利用一切时间学习。虽然心知自己身上承载着非洲妇女和众多帮助过她的人们的期望，但特莱艾还是差点就坚持不下去了。所幸，她的善良和才智打动了身边的人们，正当俄克拉荷马州立大学因为她交不起学费要开除她时，一位学校官员亲自干预并发动老师学生伸出援助之手。这位官员说："我看到她身上有一股巨大的才能。"

随后，当地的慈善组织定期向她捐赠食品，国际援助组织为她提供房租补助，一位好心的沃尔玛超市员工总是用心地将刚刚过期的水果定点放在超市外边留给特莱艾。在众多好心人的帮助下，特莱艾实现了自己的两个梦想——留学美国和完成学士学位。

但与此同时一个新的问题又来了，她不得不重新面对之前因家庭暴力而被美国移民局解递出境的丈夫。这时，她的丈夫已因艾滋病到生命的最后时分。在近一年的时间里，特莱艾边上学，边照顾孩子，边关照从非洲被接回美国的丈夫直到他去世。

特莱艾从非洲大陆的艾滋病现状中，产生了强烈的为之奉献的信念，她完成了关于非洲艾滋病预防的博士论文，并已经开始为改变她命运的国际援助组织担当项目评估专家。

不难看出，特莱艾用毅力和智慧坚守着自己心中的目标，和生命中的一个个“不可能”进行着顽强的对抗，终于实现了自己的全部梦想。当特莱艾在美国最著名的日间谈话节目《奥普拉秀》中向人们说出自己的故事后，非洲的人们被感动了，全世界的人们被感动了。

特莱艾用自己坚定目标的信念和坚持不懈的行动，向世界证明了她的一切。这实在是让我们这些身体健全的人无比敬佩的事！由此可以说，我们要想做一个幸福的人，要想让自己实现职业理想乃至生活理想，就一定要确立目标，并一直执行下去。

从人的临终留言中找到幸福的答案

古语有云：“人之将死，其言也善。”这是因为人有表达自己的愿望，并希望得到别人的理解的心理需求。死之前，已无所顾忌，所以就能说点真话了。全世界不同民族的人们在这一点上是高度一致的，以下用三个不同的临终留言进行说明。

复旦女教师于娟临终前写的这篇《为啥是我得癌症》文章中最撼动人心的一句话：

在生死临界点的时候，你会发现，任何的加班，给自己太多的压力，买房买车的需求，这些都是浮云，如果有时间，好好陪陪你的孩子，把买车的钱给父母亲买双鞋子，不要拼命去换什么大房子，和相爱的人在一起，蜗居也温暖。

英国多年从事临终病人护理工作的布罗妮·瓦伊惊奇地发现，病人在临终时有相同或相似的一些憾事。经过认真研究，她撰写了一本《临终者的五大遗憾》，总结如下：

我希望能够有勇气活出真正的自己，而不是按别人的期望生活；
我希望自己工作别那么努力；
我希望能够有勇气表达自己的感受；
我希望我能与朋友们保持联系；
我希望能让自己更幸福。

日本一位年轻的临终关怀护士大津秀一，写了《临终前会后悔的25件事》一书，总结如下：

第一件事：没有做自己想做的事。
第二件事：没有实现梦想。
第三件事：做过对不起良心的事。
第四件事：被感情左右度过一生。
第五件事：没有尽力帮助过别人。
第六件事：过于相信自己。
第七件事：没有妥善安置财产。
第八件事：没有考虑过身后事。
第九件事：没有回故乡。
第十件事：没有享受过美食。
第十一件事：大部分时间都用来工作。
第十二件事：没有去想去的地方旅行。
第十三件事：没有和想见的人见面。
第十四件事：没能谈一场永存记忆的恋爱。
第十五件事：一辈子都没有结婚。
第十六件事：没有生育孩子。

第十七件事：没有看到孩子结婚。

第十八件事：没有注意身体健康。

第十九件事：没有戒烟。

第二十件事：没有表明自己的真实意愿。

第二十一件事：没有认清活着的意义。

第二十二件事：没有留下自己生存过的证据。

第二十三件事：没有看透生死。

第二十四件事：没有信仰。

第二十五件事：没有对深爱的人说“谢谢”。

从三个不同国家人的临终留言中可以总结出：

①人生最大的遗憾就是按照别人的期望生活，没有做自己想做的事。

②没有人因为钱赚得少而遗憾，许多人却因加班工作没有时间陪孩子深深后悔。

所以，工作固然重要，但是我们所有工作的目的和价值，最终还是归结到幸福中来。这是我们人生追求的根本所在。既然如此，那么我们不妨看看这些别人的“遗憾”，再对照一下自己，让自己多做一些减少临终时遗憾的事。我想那样的话，你的“幸福”也就找到了。

人生如戏，导演是自己

至今，我仍记得我的一位老朋友常对他的学生们说的一句话：“把自己铸造成器，方才可以希望有益于社会。真实的为我，便是最有益的为人。”

对这句话，我个人的理解是：一个人只有坚持自己的想法，坚定地走着自己的路，才不会被眼前的困难给吓到，也不会看着他人的脸色来改变自己的人生轨迹，而是内心坚定地走下去。当我们真正做自己的时候，才是真的对身边的人、对整个社会有益的行为。

也可以这样认为，除了我们自己，没有任何人可以决定我们的命运。对于这一观点，我一直持积极的支持态度。

然而，我发现，现实生活中，能够完全做到这一点的人并不是太多。我们不妨回顾一下自己的经历：在你成长的过程中，你是否有过这样的经历：因为父母的指责和干涉，放弃了自己喜爱的事物；因为朋友的质疑，影响了与男朋友之间的感情，最终不欢而散；因为他人异样的眼光，丧失了实现自己梦想的勇气和动力……

假如你曾经有过上述经历中的一种甚至几种，那么在事后回想起来的时候，你是否会在内心生出深深的懊恼和悔恨？你是否会对自己说“当初我要是坚定自己的选择和想法该多好啊”等诸如此类的话？

事实上，你之所以会生出诸多的懊恼和悔恨，归根结底是因为你的意志总是被人左右，你的思想和行为总是受外界影响，你的决定总是在改变，你不能坚定地走自己的路。

你或许要问了，怎样才能避免懊恼和悔恨呢？答案很简单，就是我们要抛开别人的眼光，坚定地走着自己的路，做自己命运的设计师。告诉自己，决定自己命运的，除了自己，不再有任何人。

著名成人教育家戴尔·卡耐基先生在他的书中曾讲述过一位女士的职场经历：

> 这位女士是一个坚持自己的选择、坚定走自己道路、做自己命运主人的人。我们一起来看看她的故事吧。
>
> 她没有很高的学历，也没有很好的家庭背景，她起初只是在剧组中担任化妆工作。由于长相比较漂亮、反应比较机敏，经常会客串一些小角色。
>
> 后来，她成了当地的一位受到广大电视观众所喜爱的主持人。从化妆到主持人，这中间有着怎样的经历呢？
>
> 多年前，这位女士去纽约看望一个在电视台工作的朋友，恰巧当天录制的节目出了点状况，临时找不到主持人。她便被赶鸭子上架临

时顶替了一把。谁都没能想到，正是这一次意外的主持，让她得到了一年的签约。就这样，既不是主持也不是电视行业出身的她开始了自己主持和演艺的生涯，并且从此一发不可收拾。

此后，因为其清新活泼的主持风格，她又被一家更有影响力的电视台看中。随后，她在主持界的成就越来越大，名声也越来越大。不过，她始终没有放弃做演员的工作。所以，她经常是主持节目和演戏交叉进行。

然而时间一长，主持和拍戏的冲突日益明显，她自己也深刻地意识到自己越来越力不从心。经过深思熟虑后，她做出了一个令所有人都大吃一惊的决定，那就是离开电视台，为自己所钟爱的表演事业而放弃正在蒸蒸日上的主持事业。

很多人得知这个消息后，都以为她"疯了"，放着电视台的好工作不要，却跑去没有任何根基的演艺界瞎混，真不知道她是怎么想的。然而，面对四面八方的讨伐和质疑，她并没有动摇自己的决定，她依旧坚持自己的想法，毅然决然地辞掉了电视台的主持工作。

时隔多年之后，当年那个坚定刚毅的她并没有像很多人所说的那样，脱离了电视台这棵大树，她便会无依无靠、一无所有，再难有什么大的作为。恰恰相反，如今的她在事业上欣欣向荣，越来越红火，她不仅投身于演艺界，而且还创办了自己的经济公司，专门从事演艺方面的培训工作。

在一次接受某报纸的采访中，记者曾问道："当时的你离开电视台，在多年的奋斗与拼搏中，是否后悔过自己当初的决定呢？"这位女士笑了笑，说道："我一直最爱演戏，尽管当时也很舍不得离开电视台，但是我内心清楚自己必须这样做。了解我的人都知道我是个非常倔强的人，虽然在这一行里干了这么多年，也经历了很多事情，但是还是本性难移。而且我坚信，没有任何一条路是充满掌声和鲜花的，自己选择的路就一定要咬牙走下去。因为掌握自己命运的，只有自己，其他任何人都替代不了。所以没有什么可后悔的，只要低头努力就行了。”

看得出，这一路走来，这位女士带给自己以及众人的是自始至终的坚定和信心，同时也创造了可观的业绩和惊喜。而她之所以能取得如此骄人的成绩，是与她坚持自己的想法、坚定走自己的道路有着很大关系的。试想，如果她向大众的质疑和冷嘲热讽妥协，改变自己做出的决定，那么她还能从事自己所喜爱的事业吗？

《南方工报》文体版曾刊登了一篇名为《肖小景：梦想是一粒种子，坚持浇灌就会发芽》的文章。

肖小景何许人也？

她是深圳市作家协会会员，现任富士康科技集团内刊《鸿桥》编辑部资深编辑，被冠以“深圳文学新丁”“龙华打工作家”“富士康在职女作家”等称号。2012 年 12 月，她从 1000 多万名农民工中突围，入选深圳“十大读书成才职工”。

以下为文章全文：

寄语：人可以出身卑微，也可以过得平凡，但梦想绝对没有贵贱之分。梦想就是一粒微小的种子，只要坚持不懈地浇灌，就能发芽、成长、开花；只要舍得付出，它就拥有无限的成长和壮大的力量。

2003 年，肖小景刚进富士康，她文凭不高，又没有一技之长，做了一名流水线上的作业员。起步卑微，她以常人难以想象的毅力坚持利用业余时间学习、创作，成为富士康公司内外家喻户晓的“打工妹”作家，受到媒体广泛关注。

入厂一个月后，生产线线长要求每个人写份心得报告。“流水线是简单而忙碌的工种，时间久了容易产生惯性疲劳。自己在这个多达十几万普工的代工厂中，渺小得像是茫茫大海中的一颗小水珠，怎么样才能脱颖而出呢？”肖小景把满腹心事写进了心得报告，线长惊讶于这个女孩丰富的内心和优美的文字，于是将集团内刊《鸿桥》介绍给了肖小景。

生产线上条件艰苦，肖小景每天要站12个小时。可不管下班多晚、多累，她回到宿舍的第一件事就是趴在床上写稿子。为了不影响工友休息，有时不得不躲进公共洗手间忍受着蚊子的叮咬。然而，她一次次向《鸿桥》投稿，都如石沉大海，但她并没有就此放弃。不久，命运以一种曲折的形式为她带来了转机——一本绘满古典美女的画册，唤醒她埋在心底多年的绘画情结。工余画画时她有感而发，写了一篇《我的美人情结》，顺利在《鸿桥》上发表了。这之后，她的作品多次在《鸿桥》上发表、获奖，有工友开始称她为“生产线上的作家”。

有了一点名气，肖小景渴望有个更好的写作环境。数月后，她被开明的主管从流水线调入办公室做文职。这期间，她担任过记者站站长、图书室管理员，负责事业群、处的文宣工作，也有幸得到了《鸿桥》执行总编向延华的悉心指点，开始创作小说。

两个月后，她的中篇小说《石鼓门》在《鸿桥》连载，在读者中引起很大反响，编辑部甚至举办了专场交流会。直到10多年后的今天，仍然有读者打来电话，要和她交流作品的情节。

2005年10月，肖小景担任了事业处早会特刊编辑部唯一的文字编辑，2006年9月，她正式加盟《鸿桥》编辑部。2008年9月，《门外即天涯》这本凝结着肖小景梦想的小说集正式出版，并先后在深圳龙华和观澜两大园区举办签名售书活动。

2010年3月，肖小景历时3年完成了生平第一部长篇小说《青春灰烬》。这本书描述了从山区来到都市的三位女孩的三种抉择，寄托着肖小景对城市文明的困惑，对美丽易碎的担忧，以及对年轻女性的警示。

肖小景并没有停止追求的脚步。2013年12月，她通过自考，顺利拿到了中山大学的大专文凭。2014年8月，她还通过积分入户，成为深圳“新市民”，孩子也随迁入户，在这个城市书写属于他们这一代人的新深圳故事。

这是个让人不无震撼的故事，从中我们看到了一个普通女职工的奋斗精神，感受到了她坚持不懈的追求梦想的力量。这是让我们敬佩的，更是值得我们每一个职场人学习的。

所以，无论处于何种境地，我们都不要满足，都不要灰心，而应该像肖小景这样，坚定信心，一往无前！

可见，在我们的人生道路中，如果说漫长的一生是一部鸿篇巨制的话，那么我们每个人都是自己的导演。可以说，这份坚信命运掌握在自己手里的执着精神是非常重要的，它可以指引人们向着心中的梦想坚定不移地走下去，直至成功。而拥有这样坚定信念和执着精神的人，也在无形之间散发着无穷的魅力。所以，纵横职场人生，我们一定要坚定自己的信念，相信自己是掌握自己命运的唯一人选。一旦下定了决心，确定了目标，就应该一往无前，就算所有人都投反对票，自己也要坚定地走下去。

当你能够不为外界所动，不屈服于他人的意志，不看别人的脸色生活，能够坚定地走自己的道路的时候，就连你的背影都是美丽的。这样的你，也必然是充满了光芒四射的魅力的。所以，我们一定要坚持自己的选择，做自己人生的导演，坚信自己是掌握命运的舵手，坚持走好自己的路。

不怕埋没，只怕自己投降

从投入社会的第一天开始，我们就不断地在人生路上苦苦追索，渴望成功，希冀幸福。这些成了我们的梦想，于是我们埋头苦干，希望为自己开拓一个光明的未来。

但是我们也得承认，很多时候，特别是遭遇挫折和困境的时候，一些阻碍我们前行的情绪就会迸发出来，带给我们沮丧、颓败和绝望。然而再看看那些最终实现了人生梦想的人，他们又是怎样做的呢？答案自然是和失败者不同，而且恰恰相反。他们始终坚韧不拔，不放弃，不抛弃，坚守着最初的理想和目标，想方设法度过眼前的困境。

拿破仑曾说过这样一句话：“达到目标有两种途径——势力跟毅力。势力属于少数含着金钥匙出生的人，而毅力则属于所有坚韧不拔的人。”

可以说，一个人可以没有显赫的家世，没有大把的金钱，但是只要他拥有坚韧不拔的毅力，他也照样可以让自己步入成功者的殿堂，因为坚韧不拔本身就是一把开启梦想之门的金钥匙呀！

在国际马拉松界，有一个响当当的名字——罗塞尼奥。有一次，罗塞尼奥在接受记者采访时，被问到“马拉松是一项考验耐心的运动，是什么力量支持你坚持到最后的”这个问题时，他用一个故事给出了精彩的回答。

罗塞尼奥是这样说的：

在我读中学的时候，有一次学校举办了10千米越野赛，我是其中的参赛者之一。记得比赛一开始，我跑得非常轻松，可是过了一段时间后，我开始感觉有些体力不支，越来越跑不动。这个时候，我特别想停下来休息一会儿，喝口水然后再跑。

凑巧的是，正在这个时候，一辆学校的巴士开了过来，这辆校车专门负责接送那些跑不动的学生。

看到这辆车，我的心动摇了，我很想跳到车上。可是我又控制住了，看了看脚底下正在被自己一步步丈量的路，我忍住了。接下来，我又继续跑了好一段时间，此时我感到汗水已经滴进了眼睛里，心脏剧烈跳动，两条腿就像灌了铅一样。这时候，我比之前更想停下来。而此时，第二辆小车开了过来。尽管我非常非常想上车，但还是努力克制住自己的欲望，没有上车，继续跑步。

跑了一段距离后，我感到两眼直冒金星，两条腿早已不听使唤，仿佛不是自己身体的一部分似的了。而此时展现在我面前的正好是一个小山坡，这个小山坡对我来讲简直就是珠穆朗玛峰。我彻底绝望了。所以，当再次看到校车到来的时候，我毫不犹豫地跨了上去。

然而，接下来发生的事，让我一辈子都会记得。因为校车刚刚开过小山坡，转了个弯就到达了终点。

在看到终点线的那一刻，我的心里别提有多后悔了。我想，如果自己再有毅力一点，再坚持哪怕一分钟，来个终点冲刺，就能凭着自己的力量，越过山坡，到达终点。

正是因为这次经历，让罗塞尼奥在以后的比赛中，每当感觉到体力不支需要放弃的时候，他都会给自己加油："兄弟，要坚持，要有毅力，前面也许就是终点了。"

带着这股坚韧不拔的毅力，罗塞尼奥一直跑到了世界冠军的领奖台上。

与罗塞尼奥类似的，还有一个女登山者的故事。

据说，在美国华盛顿山上有一个石碑，上面的内容告诉人们，这里曾经是一个女登山者死去的地方。而这位女登山者苦苦寻觅的"登山者小屋"，就在距离她不到100米的地方，如果她有足够的毅力，能多走100步，就能活下去，然而她却放弃了。

类似的故事总让我们感到深深的遗憾，可是我们自己又何尝不是如此，在一次次放弃中遗憾，在一次次遗憾中依然无法坚持到最后？

而那些最终走向成功的人呢，他们通常不会选择放弃，而是有着顽强的坚持的毅力，让自己战胜困难。可以说，成功并不是什么遥不可及的事情，如果你想要达到你预定的那个目标，实现你的理想，那你就应在日常生活中有意识地培养自己坚韧不拔的毅力。

请相信自己，你的潜力是无穷的，只要有坚持到最后的恒心和毅力，就会发生奇迹，那些潜藏在你体内的潜能就会被唤醒，引领你走出当下的困境，走向成功。

所以，当你认为自己已经筋疲力尽时，不要轻易投降，而应暗暗地激励自己：胜利就在不远的前方，只要坚持到底，就能创造奇迹。当我们多了一分毅力，多了一分坚持，那么我们就多了一分成功的可能。所以，在日常生活中，我们要有意识地培养自己坚韧不拔的毅力，面对困境咬牙挺过去，这样我们才能如愿以偿，摘得胜利的桂冠。

不学习对不起时代

我们知道，当手机快要没电的时候，就会发出“滴滴”的警示声音，这样可以提醒主人及时为自己充电，避免电量耗尽，导致关机影响正常的通话功能。那么，我们的头脑这部机器，是不是也会有“电量”快要耗尽的时候呢?

答案当然是肯定的。

我们所处的时代，正以前所未有的速度向前发展。我们的职场自然也是竞争激烈，日新月异。因此，每一个身处职场中的人面临的挑战也在不断升级。正因如此，我们只有不断充实自己，不断为自己充电，才能延长自己的工作期限，才能取得职业和事业上的成就。

著名管理学大师彼得·圣吉对现今人士也提出了类似的忠告:“未来唯一持久的优势是，比你的竞争对手学习得更好。”毫无疑问，学习对于现在的人们来说，已经成了赖以生存和不断发展的必要手段。

对此，坊间有这样一个形象的比喻：不能够持续的学习，从个人角度来看，就好比水在涨而你却原地不动，你也不会游泳，就只能等着被淹死。由此可见，不管你是位高权重者，还是普通打工者，学习的脚步都不能稍有停歇，必须得时不时地给自己“充充电”。

彼得·詹宁斯是ABC（美国广播公司）晚间新闻一名很有影响力的主播。在参加工作之前，彼得·詹宁斯连大学都没毕业，但他却很爱学习，一直将工作作为他学习的课堂。

做了3年的主播之后，彼得·詹宁斯却令人疑惑地急流勇退，辞去了让人羡慕的工作，投身到一线记者的行列中。面对别人的质疑，他的回答是，要让自己得到锻炼。

在做记者的过程中，彼得·詹宁斯深入一线，报道了很多不同类型的新闻，受到业界的肯定和观众的好评。后来，美国电视网让他以特派员的身份常驻中东地区。再后来，他又到了伦敦，成了欧洲地区的特派员。经过一番“折腾”，彼得·詹宁斯又重新回到了主播的工作岗位上。此时，人们发现他变了，他从一个初出茅庐的年轻人，成长为了一个成熟稳健、备受人们欢迎和尊敬的真正的主持人。

当然，学习的方式方法多种多样，对于员工来讲，最好的学习方法还是在工作中学习。在工作中学习不需要脱离现在的工作，我们可以以遇到的难题为突破口，学习解决问题的方法和相关知识，总结经验，从而提升自己的工作能力。

通过在工作中不断学习，我们可以避免因自满而损害你的职业生涯。不论是在职业生涯的哪个阶段，学习的脚步都不能稍有停歇，要把工作视为学习的殿堂。

微软中国研发中心的毛永刚也是这样：

毛永刚进入微软公司中国研发中心时，负责新一代Word（文字处理软件）的开发。真正开始工作，他才发现，摆在他面前的只有一个目标和大概的资料，没有详细的岗位职责，没有人告诉他该怎么做，该用什么工具。和美国总部交流沟通，得到的答复是一切都要靠自己去做。

原来，微软企业文化的一个特点就是员工要自己找事做。比如要测试一件产品，公司没有硬性规定测试程序和步骤，员工完全根据自己对产品的理解，考虑产品的设计和用户的使用习惯等，发现问题。每个员工都要充分发挥自己的主动性，既唤起了责任感，又调动了激情，从而设计出最满意的产品。

“不管你会不会游泳，到这个游泳池就把你推下去，能游也得游，不能游也得学会游。”总裁鲍尔默说，“这样就形成了一种企业文化，来到这里就要潜心学东西，学好了就能生存，生存下来就要想怎样生存得更好。”所以他们强调“主动和动手”。

毛永刚没有退缩，他担当起了开发的责任，积极思考、主动自觉地工作，他的努力得到了回报，很快成长为桌面应用部经理。

每个老板都喜欢善于学习的、积极主动的员工，每个人也都愿意和这种人共事。如果你总能保持主动率先的工作精神，比自己分内的多做一点，比别人期待的多做一点，你就会吸引老板的注意，得到加薪和升迁的机会。

如果一个人只是尽本分，或者唯唯诺诺，对公司的发展前景漠不关心，在工作中疏于学习的话，那么他就无法获得额外的报酬，也无法得到事业的提升。具有积极主动的学习和工作习惯，以无比的热情看待自己工作和事业的人，总能发掘出无穷的机会。

所以说，如果你想登上成功之梯的最高阶，就要永远保持学习的劲头积极地去做，即使你面对的是毫无挑战和毫无兴趣的工作。如果你能够做到带着学习的心态积极主动地去工作，最终必将获得回报。

成功的人很明白，想要跟上时代的节奏和步伐，就只有自己不断地成长、不断地学习、不断地进步。在这个世界上，没有人能保证你成功，只有你自己；也没有人能阻挠你学习和进步，只有你自己。

每天进步“0.01”是正能量行动

最近很火的一道励志题：

$1.01^{365}=37.78343433289\gg 1$；

$1^{365}=1$；

$0.99^{365}=0.02551796445229\ll 1$。

在这里，$1.01=1+0.01$，就是每天进步一点；1.01 的 365 次方，就是你每天进步一点；这样，一年以后，你就会进步很大，远远大于“1”。

而如果你是1，那么“1”所指的就是原地踏步，所以一年以后你还是原地踏步，还是那个“1”。

同样，0.99＝1－0.01。也就是说，你每天退步一点点，你将在一年以后，远远小于“1”，远远被人抛在后面，将会是“1”事无成。

对此，我们还可以再看一下下面这两道题：

$1.02^{365} \approx 1377.4$

$0.98^{365} \approx 0.0006$

这两道题中最初的数值虽然只差了0.04，但最后的数值结果却差距巨大。看着这样的差距，我们还有什么理由不在人生中每天进步一点点呢？

许多成功，就是在一个个不起眼的小目标实现过程中累计而来的。目标完成的过程，就是对实现目标的每个步骤、每个环节、每个阶段的执行不断强化。然后，才能逐步达成最终目标。这其中的做法，就是通过每天进步一点点，一步一个脚印地最终走向了高目标。

“每天做一件实在事”就是企业家鲁冠球说过的一句话，更是他事业成就的结晶。

1969年，鲁冠球怀揣4000元人民币，带着6个农民，开始搞打铁铺，到如今，发展成资产近百亿元的万向集团。创业这些年来，鲁冠球肯定经历过不少挫折和磨难。但是，鲁冠球却有个信条：一天做件实事，一月做件新事，一年做件大事，一辈子做件有意义的事。正是这个信条成就了他今天的辉煌。

有很多人非常急躁，什么事都想做，结果反倒欲速则不达。善于思考的人，通常不是一步到位，而是每天都比前一天做得更好。这样的人，早晚都会成为精英中的一员。

20世纪的经济学家、诺贝尔经济学奖获得者赫伯特·西蒙（Herbert A. Simon）和心理学家、国际天才研究的先驱者之一安德斯·埃里克森（Anders Ericsson）共同提出了“一万小时天才理论”。这一理论就清楚地告诉人们："天才"之所以成为"天才"，不在于天赋异禀，而是经历了一万小时的训练。这不难让人联想到中国的古话"十年磨一剑"，其实道理就是一样的。

"一万小时天才理论"的核心内容是任何一项世界级的才能都需要进行至少一万小时的训练。"一万小时"的训练是成就一项事业的最基本要求，也就是说在任何一个专业领域，如果缺少"一万小时"的训练，即使有再突出的先天优势，也不能成为这一领域的领军人物。

许多成功人士的经历验证了"一万小时天才理论"：

音乐神童莫扎特，在6岁生日之前，他的音乐家父亲已经指导他练习了3500个小时。到他21岁写出最脍炙人口的第九号协奏曲时，可想而知他已经练习了多少小时。

象棋神童鲍比·菲舍尔，17岁就奇迹般奠定了大师地位，但在这之前他也投入了10年时间的艰苦训练。

田坛飞人刘翔，我们只看见他在赛场上的风驰电掣，一骑绝尘，可是为了他在赛场上的10多秒的辉煌，他从7岁开始苦练，不知跑了几个一万小时，汗水流了几吨，经历了多少挫折和失败，才换来了"阳光总在风雨后"。

大画家达·芬奇，当初从师学艺就是从练习画一只只鸡蛋开始的。他日复一日，年复一年，变换着不同角度、不同光线，少说也得练习了一万个小时，打下了扎实的基本功，从最简单、最枯燥的重复中掌握了达到最高深艺术境界的途径。这才有了后来的世界名画《蒙娜丽莎》《最后的晚餐》。

在自然界中，有一种生物也验证了"一万小时天才理论"，可以说是生物界中最有力的说服证据。

毛竹是自然界中一种神奇的植物，在前5年里，它丝毫不长；当第6年雨季来临时，就会以每天1.8米的速度向上急蹿15天，最后长到28米，成为竹林中的身高冠军。毛竹也被誉为大自然的生长奇迹。

对此，就有科学家做了研究，他们发现：

原来毛竹在前5年并不是没有生长，而是以一种不易被人发觉的方式向地下生根。经过5年漫长的地下工作，一株没发芽的雏竹根系竟然向周围扩展了10多米，向地下深扎近5米。正是这样的生长方式为它日后长高打下了坚实基础。当时机成熟时，毛竹终将成长为竹林身高之王。

一万小时是一段很长的时间，如果每天练习3小时，每周练习7天，那么你需要10年的时间才能达到一万小时的练习量。所以，到底将这宝贵的一万小时花在哪里就是一个非常重要的问题了。一旦决定要付出这么多时间，你就必须选择最适合的方向。

要想找到最适合自己的方向，就必须明确以下三个问题：

（1）你过去将时间都花在了哪里？

这个问题很简单，就是回头看看自己在哪个领域花了比较多的时间，你可能每天都会花一两个小时来画画、写作、演奏乐器或者从事某项体育锻炼。这些都能说明你应该在哪些方面来利用这一万小时的时间，如果你已经花费了部分时间在某件事上，那么你只需要补足一万小时剩余的时间就可以了。

（2）你的兴趣是什么？

兴趣是最好的老师，也是能够坚持一万小时的原动力。因为大部分人都在一万小时之前便选择了放弃，只有少部分人坚持到底了，于是他们就成了世界级的高手。为了能够持续一万小时从事某项事业，做自己感兴趣的事。它可以帮你捱过漫长的无聊时光，否则你很可能在到达终点之前就已经放弃了。

（3）你所处的时代能给你带来哪些机会？

想要做到这一点很难，因为每个人都不是预言家，都不能准确地预测出未来会发生什么。但是你要对自己选择的方向有信心，并相信你的努力一定会成就一番事业。

相信，只要你记住了“一万小时成功定律”并学习了“毛竹”精神，那么你的未来也一定会成功。

“Glad trips”9项修炼助你人生“快乐旅行”

“Glad trips”来自一个9项修炼模型，每项修炼的第一个英文字母连在一起就是：Glad trips，寓意为“快乐旅行人生”。

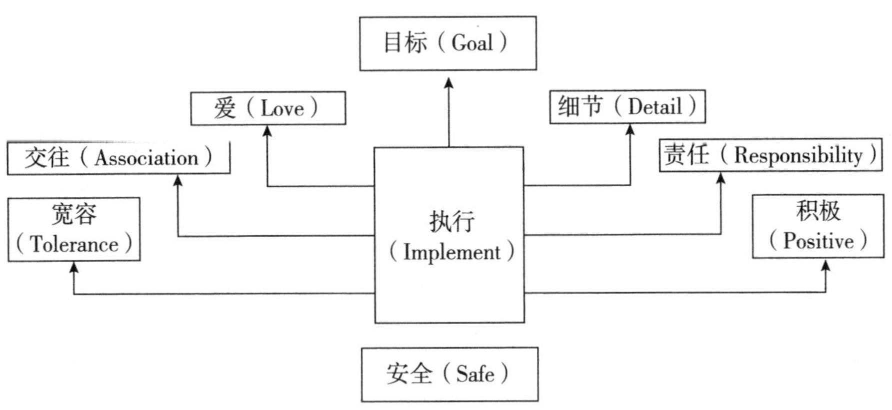

图3 “Glad trips”9项修炼模型

这个9项修炼模型也称为“Glad trips”模型或“快乐旅行”模型，它是结合“马斯洛需求理论”和“高调做事，低调做人”处世哲学提炼出来的一套提高员工积极心态的修炼模型。

从树的枝干可以清楚看到：

“安全（Safe）”，处于树的根部，充分说明它的重要性。没有安全，就没有一切，更不用说枝繁叶茂。安全包括衣、食、住、行及身体5个方面的安全，与马斯洛的最低层次安全需要一致。

“目标（Goal）”，处于树的顶部，既代表人生前行的方向，又代表人生的收获，与马斯洛的最高层次自我实现需要一致。

“执行（Implement）”，处于树的主干部，说明它的重要性。没有执行，就没有人生之树的枝繁叶茂。

“细节（Detail）/责任（Responsibility）/积极（Positive）”是树右半部分三个主要树干，挺拔向上。它们代表三项高调做事原则。

“爱（Love）/交往（Association）/宽容（Tolerance）”是树左半部分三个主要树干。它们代表三项低调做人原则。

“安全/积极/执行/责任/宽容/细节/交往/爱/目标”9项修炼将全方位提高员工的职业素质和道德品质，不仅能清除他们心灵世界的雾霾，而且可以改善员工积极心态，对企业有很大帮助。

祝愿“Glad trips”9项修炼助你人生“快乐旅行”！

战胜工作中的拖延症

稍微回顾一下，在公司里，我们是不是经常会听到同事这样的说法：“今天任务很轻松，我先喝杯茶再做吧”“离下班还有三个小时呢，等会儿我再做也不迟”“报告不是周末才交吗？今天不用急”……这种拖延工作的借口乍听上去似乎没什么不妥，反正不耽误事就行了，细细思量，却根本不是这么回事。

时间管理专家皮尔斯曾这样说过：“千万不要以为拖拖拉拉的习惯是无伤大局的，它是一个能使你的计划、抱负落空，破坏你的幸福甚至夺去你的生命的恶棍。”为拖延找借口的员工对于自己的工作缺乏必要的责任心，他们只是被动地完成任务而已，时间充裕，他们就会浪费，时间刚好或者稍微有点紧张，他们的工作就不能按时完成，他们早已为自己的懈怠找好了借口：“等会儿再做好了。”殊不知，在你“等会儿”的时候，成功的机遇已经悄悄溜走，一去不回头了。

在我多年的工作经历中，除了最开始的一段时间因为我自身的一些问题，在工作方面不够积极之外，其余的这些年，一直都注重效率，拒绝拖延。我想，或许也正是因为这一点，让我赢得了越来越多的朋友的关注和信赖。

老实说，我偶尔也会有松懈的时候。但一想到对自己、对工作、对他人的责任，我就强迫自己快速行动，绝不拖延。因为我发现，拖延不但会造成事情无法按时完成，也会让人形成一种懒散、推脱、不负责任的坏习惯。这样的坏习惯对于每一个试图取得事业成就的人来说，都是致命的。

所以，我一直倡导，不管有多少东西吸引了你，也不管你面临的事有多么繁杂，你都要集中精力，专心不二地按计划、按要求处理好一件又一件的工作。只有这样，你才能理性、坚定、有条不紊地向着目标迈进，才能获取期待中的工作成就。

简言之，这就涉及一个时间管理的问题。在此，我为大家制作一个时间管理四象限图（见图4），你就会一目了然了。

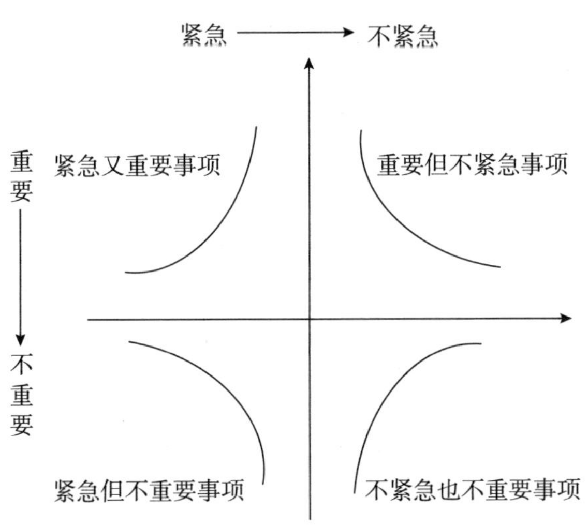

图4　时间管理四象限图

通过这个图，我们可以很直观地了解哪些事应该先做，哪些事可以后做。这样，即使面对繁杂的事物，也不至于没有头绪了。

艾佳在一家网络公司做网站编辑，她很有才华和创新精神，但是她的效率也总是让人不能恭维。在工作中，她总是拖拖拉拉的，时常不能按时完成老板布置的工作任务，还总为自己的拖延找理由。

有一次，老板将新签约的一个产品宣传方案交给艾佳，并告诉她客户非常急切，要求必须在三天内完成。艾佳接过任务，心想还有三天时间，便不慌不忙地“收个菜”，刷下微博，浏览一下团购网站看看有没有便宜货……

当艾佳玩了两三个小时，准备开始工作的时候，却被人力资源部门的领导叫去参加一个半天的培训班。等到培训结束回到办公室之后，艾佳不慌不忙地泡了杯咖啡，这才翻开了那个方案。不过，等到她心不在焉地准备着手时，她发现还有半个小时就下班了，于是她干脆停下来等着下班。她想：“不着急，等明天再做工作吧！”

第二天到了公司，艾佳想起好久没有玩以前的一款游戏了，先玩会儿再工作吧。就这样边玩边工作，很快一天的时间过去了，这时候方案完成了还不到一半。

第三天依然如此，正当艾佳玩得兴高采烈时，老板的电话来了：“艾佳，工作进行得怎么样啦？其他同事已经交任务了，你呢？”艾佳这才想起今天已经是第三天了，她以学习耽误了时间为借口，请老板不要着急，自己正在赶工，最终虽然完成了任务，但是后面的部分非常仓促，几乎是在应付。

最后这个方案被客户完全否定了，客户认为这个方案纯粹是在敷衍他。为此，艾佳受到了老板严厉的批评和警告。

很多人跟艾佳一样，工作中没有紧迫感，经常不能按时完成任务，而且还特别喜欢为自己的拖延找借口：“手头的资料和信息不全啊，还是等到明天再开工吧！”其实，手头上的资料足以完成任务的一半了，但是“今天”却被这个借口无情地否定了，好像今天不是工作时间，明天才是。

拖延，是一种很坏的工作习惯，为拖延找借口，更是不负责任的表现。没有责任心的人对工作敷衍应付，得过且过，能拖到明天做的事情绝不在今天着手，能下一分钟开始的事情，这一分钟绝不去想。这种人在接到任务以后，大脑里那个没有责任感的声音就会说“反正领导不着急要结果，等一会儿再做好了”“先看完这半场球再做，反正耽误不了多少工夫”“跟老王研究研究、商量商量再做吧”，等等，就这样自己把自己给说服了，然后心安理得地去拖延，任凭风吹浪打，我自岿然不动，把工作往后一拖再拖，白白浪费了时间。

很多人常常因为拖延时间而心生悔意，然而下一次又会习惯性地拖延下去。三番五次之后，就会视这种恶习为自然，以致漠视了它对工作的危害。今天把工作推到明天，明天把工作推到后天，许多成功的机会就在一而再、再而三的拖延中失去了。

可以说，拖延是职场上影响人们成功的慢性却足以致命的毒药，是一种危险的恶习。拖延会侵蚀人的意志，消耗人的能量，阻碍人的潜能发挥。一旦遇事开始推脱，就很容易再次拖延，这样就常常会陷入一种恶性循环之中，拖延导致工作低效和情绪困扰，工作低效和情绪困扰又导致了继续拖延，直到变成一种根深蒂固的习惯。为此，人们常常苦恼、自责、悔恨，但又无法自拔，结果一事无成。

如果你发现自己经常为了没完成某些工作而制造各种借口，或是想出千百个理由来说服自己拖延也没关系，或者为没能如期实现计划而辩解，那么你已经是对自己和工作不负责任了，已经到了很危险的地步了，这时候一定要及时警醒，这样下去，你的成功只能是镜中月、水中花。

所以，要想做个有责任心的人，要想成为一个职场上取得瞩目成就的人，就要坚决把为拖延找借口这种恶习消灭在萌芽状态。

做才能改变，行动才有可能

综观职场，我们会发现有两种人比较典型：一种是习惯抱怨在前，做事在后；另一种人是做事在前，绝不抱怨的。前者整天唠唠叨叨，松松散散，工作不见起色；后者则全都以公司和工作为重，先承担责任，先做起来再说，至于结果，先不考虑。前者会称后者是“傻子”，而后者却觉得前者未必“聪明”。

那么到底谁聪明，谁傻呢？我们先来看一个相关的案例：

20世纪90年代，罗伯斯在福特公司做一名广告策划项目经理。那时候福特公司的广告只有10%是针对女性做的，其他60%的杂志广告则是针对男性做的。罗伯斯通过对市场的深入调查发现，就汽车而言，女性购买者竟占到65%。

罗伯斯被这个数据震惊了，他立刻调整广告针对人群比重，将60%的广告目标投向女性。

当公司上层也意识到女性市场重要性的时候，他们惊喜地发现，罗伯斯已经调整好了广告所针对人群的比重。他的这种做法，为福特汽车占领女性市场赢得了巨大的先机。不久之后，罗伯斯便被提升为部门经理。

想在前面、干在前面是对工作负责的表现，同时也是对工作敬业和忠诚的表现。罗伯斯之所以取得这样的成功，就是因为他非常明白这个道理，无论期待怎样的结果，都只有在真正行动之后才会出现。

皮特是某公司的一名普通职员，他所在的部门主要负责公司员工的日常管理和培训。但是由于他们的签到系统效率不高，而且经常出现差错，使得员工上下班的签到很不方便。并且很影响到皮特他们部门日常的统计，而员工们也因此极为不满。

皮特看到了这种情况，便自告奋勇组织人手开发了一个新的签到系统，完美地解决了打卡签到的问题。

对此，公司领导非常高兴，对皮特也刮目相看，很快便提升他为部门副经理。

从某种意义上说，每一个人日常的工作，其实都是在为自己书写人生的简历。皮特获得升迁，不但是因为他看到原先系统的不足并想到去改良，更重要的是因为他在上司或同事想到这件事情之前，就已经把这个问题圆满解决了。

看过皮特的事例，我们再一次得出这样的结论：实干是硬道理。事实上，没有人不想获得升迁，只有傻子才不愿意去获得更多的薪水和奖金。但是你要明白，这个决定权看似在老板手里，其实是掌握在你自己手里的。你做出能让公司看到你的能力大于你的职位、你的价值大于你的所得的事情时，公司自然就会给你更多的机会和报酬。

因为需要拆阅、分类及回复很多的信件，沃伦聘用了一位年轻的小姐当助手。这位小姐的工作就是听沃伦口述并记录信的内容，她的薪水和其他从事相类似工作的人相差无几。

有一天，沃伦在口述的过程中说了这么一句话：记住，你唯一的限制就是你自己脑海中所设立的那个限制。

当这位小姐把打好文字的纸张交还给沃伦时，她说："你的格言对我很有价值，给我的启发很大……"从那天起，这位小姐的行动有了很大的改变。每天用完晚餐后她就回到办公室，开始做一些不是她分内而且也没有明确报酬的工作。最为让人惊讶的是，她开始研究沃伦的风格，把信回复得跟沃伦写的一样好。而且，她主动替沃伦写回信，当信写完后她主动把写好的回信送到沃伦的办公桌上。

这位小姐一直保持着这个工作习惯，直到沃伦的私人秘书辞职为止。当沃伦先生需要找人来填补这位秘书空缺时，便很自然地想到了她。

沃伦这位年轻的女助理并不知道她以后会得到沃伦的私人秘书这一职位，她只是下意识地在下班后，在没有任何报酬的情况下，对自己加以训练。其实这位小姐在沃伦还未正式给她这项职位之前，已经主动做了这个职位的工作，这实际上等于她已经胜任了这个职位。当这个职位空缺时，当然也就非她莫属了。

与这位小姐相反，有些人总是挑肥拣瘦，殊不知与此同时，机会也会对他挑肥拣瘦，这样的话，任何"好事"也就很难找到他了。

归根结底，踏踏实实地工作，抱着激情和做好事情的决心去工作，这是任何人，特别是一个公司员工应该记住的职场法则。当然，积极地付诸行动并不是鼓励我们蛮干，这种行动应该是建立在对结果负责、对过程有所判断的基础上的。只有这样，我们才会获得面对一切困难的勇气，才会获得在别人或者自己看来似乎不可能的一切。

带着热情上班，一生没有遗憾

被尊为“控制论之父”的维纳表示：“每一个人，即使是做出了辉煌成就，他一生中所利用的大脑的潜能也还不到百亿分之一。那么，究竟什么能激发这些潜能呢？答案便是——热情。”

的确，生活中无法离开热情的存在。倘若没了热情，那么军队将无法克敌制胜；倘若没了热情，人类就无法创造出震撼人心的音乐；倘若没了热情，即便再无私崇高的奉献都没办法感动这个世界……

我们的工作也是如此。一个缺乏热情的员工是很难始终如一高质量地完成自己的工作的，更别说做出突出的业绩了。可以说，热情才会为工作创造奇迹，热情才会让我们快乐地投入到工作中去，热情是每一天最好的开始。

美国纽约州的一位名叫凯布陆那的名医，就用其自身的经历，向我们展示了“热情”对于工作的重要性。

为了成立该州的防癌协会，凯布陆那四处寻求支持，但却屡屡碰壁，每个人都委婉地拒绝了他。

凯布陆那心里很难过，他没想到自己辛辛苦苦忙碌了一个星期，却毫无所获，这样的结局使他一度对自己很失望，甚至对自己要做的事情充满了怀疑。不过，当他认真地对自己的所作所为进行一番深刻的反思之后，他找到了答案。原来，人们之所以拒绝他，并不是因为缺乏同情心，而是因为自己的表达不够热忱。

想到这里，凯布陆那决定改变自己的表达方式。于是，从第二天起的每天早晨，凯布陆那一起床就开始打电话，热情地向周围人宣传并寻求防癌基金。当他向医院里的同事宣传此计划的时候，他再也不是坐在办公桌前摆出公事公办的样子，而是站起来，热忱地说出自己的理由和主张。渐渐地，凯布陆那的热情感染了周围的人们，同事们都积极活动起来，为成立防癌组织一起努力。

通过凯布陆那的故事我们可以感受到，当一个人能积极、乐观地面对工作和接受挑战的时候，那么他就会带着饱满的热情投入其中，这也促使他更容易成功。就像是机器需要燃料才能运转自如一样，热情是人内在的动力。

在一次给某企业员工的培训中，我曾经这样告诉他们：最大的工作能力，只有在充满热情地付诸行动的时候才能得到发挥。可以毫不夸张地说，工作诚可贵，热情价更高。

对于每一个在职场打拼的人而言，热情是比其他因素都更为重要的因素。没有热情就没有创造力，没有创造力就难以取得更高的成就。那些成功人士之所以成功，很大程度上取决于他们始终具备工作的热情。因此说来，我们要想和他们一样，就必须保持热情，并将其付诸工作之中。只有这样，才能跨越一个又一个困境，才能在别人说你不行时，由内心发出一个强有力的声音——我能行！

第六章　注重人际交往，舒缓职场心情

——摒弃私心，做一名会合作的好员工

做工作，别让坏脾气毁了你

对于忙碌的现代人来说，在繁重的事业压力面前，往往身心疲惫。生活中，也难免会遇到各式各样的挫折和委屈，情绪也随之变得起伏不定。

可以说，情绪是我们生命的一部分。但是，如果我们能够驾驭情绪的话，就会让情绪为我们“服务”；反之，则会被情绪操纵。所以，要想把工作做得出色，维护好和周围同事们的关系，我们一定要把握好自己的情绪，不要让坏脾气毁了自己。

有一位叫后藤清一的员工是“经营之神”松下幸之助最喜欢的得力助手。有一次因为后藤清一的疏忽，致使公司损失惨重。

事后，松下立即把后藤叫进自己办公室，劈头就是一顿训斥，一边臭训，一边还手握火钳，狠狠地击打办公桌。被臭骂的后藤垂头丧气地站着，心中萌生了引咎辞职的想法，随即准备转身离开。

这时，松下却叫住了他，并语气和缓地说：“等一下，刚才我气疯了，所以不小心弄弯了火钳，你能帮我把它重新弄直吗?”

后藤一头雾水，但仍是照做。他使劲地捶打火钳，在“砰砰砰”的敲打声中，沮丧的情绪也随之慢慢平息。当他把敲直的火钳递给松下时，松下笑着说：“哟，看起来比原来的还好呢，你干得真不错!”后藤没料到，松下会这么夸他，而松下做的远不止于此。

当后藤清一离开办公室后，松下就悄无声息地致电给后藤的家人，他说："今天清一回去的时候，脸色也许会很臭，你要好好安慰安慰他。"当后藤的老婆把松下的心意告知后藤后，后藤内心感慨万千。

为此，他想尽一切办法去弥补之前的过错，并且更加卖力地工作，以报答松下的良苦用心。

松下征服爱将靠的是什么？正是他那份成熟的品质。当令人生气之事发生时，松下愤怒了，但是他很快安定住情绪，并妥善处理好自己的"情绪后遗症"，从而得到了爱将更深的尊敬和爱戴。

1980 年美国总统大选期间，在一次关键的电视辩论中，竞选对手卡特为了羞辱里根，抓住他当演员时的生活作风问题，发起了蓄意攻击。

卡特本以为里根会为此恼羞成怒，但令他没有想到的是，此时，里根却没有丝毫表示愤怒，只是微微一笑，很温和地说："你又来这一套了。"看到里根这种冷静而又诙谐的调侃，听众们哈哈大笑，并为他的精彩回答热烈鼓掌。里根用这种良好的控制情绪而又不乏幽默的方式，为自己赢得了更多选民的信赖和支持，而卡特却陷入了一种非常尴尬的境地，最终里根获得了胜利。

从上面这个故事，我们不难看出冷静地处事是何等重要。这意味着一个人的成熟程度。

一位美国著名心理学家提出：一个人的成功，只有 20% 是靠智商，而 80% 是凭借情商而获得的。情商管理的理念即是用科学的、人性的态度和技巧来管理人们的情绪，善用情绪带来的正面价值与意义帮助人们成功。

遗憾的是，很多职场人士并没有认识到这一点，所以面对工作中的困局、面对领导的苛责、面对客户的要求、面对同事的不配合的时候，就会"怒从心头起"，发起脾气来。

不用问，这样势必不会有好的结果，不仅不利于人际关系的良好进展与融合，而且也会影响工作本身的效率和质量。

由此可以说，良好的情绪是我们成就自我，实现美好人生的铺路石；相反，不好的情绪则很可能是绊脚石。换言之，情绪影响着我们的行动，会给我们带来不同的结果。在情绪不好的人眼里，原来可能的事也能变成不可能；在情绪良好的人眼里，原来不可能的事也能变成可能。

多存理解之心，跨越心与心之间的障碍

生活和工作中常常有这样的人，他们总喜欢严厉地责备他人，使对方产生怨恨，不觉中使彼此的沟通难以进行，事情也办得一团糟。因为一个人在内心深处是不愿意责备自己的，谁愿意承认自己是错误的呢？每个人都能够为自己的错误行为找出一大堆的理由。即使一个人知道自己犯了错，也不愿意在公开场合承认这一点，更不愿意别人当面指出。如果有人当面指责，他会立即调动全部的智慧和力量来辩解。其实，只有不够聪明的人才批评、指责和抱怨别人，而真正的智者则会用自己的宽容去让别人折服。

约翰·布朗先生在一家机械公司担任安检员的职务。他工作中的一项任务是负责检查员工们是否在工作时戴了安全帽。每当看到有没戴安全帽的员工的时候，约翰就会搬出一大堆公司的条文规定压人，并命令员工把安全帽戴上。

受到训斥的员工会遵守命令，赶紧戴上安全帽。但是，一旦约翰离开，他们就会把帽子摘下来。约翰发觉这个现象后，觉得这个方法不太科学，于是就想出了另一个办法。

这次他的办法是，当看到有员工摘下帽子时，他会很关心地问对方戴帽子是不是很不舒服或者大小是不是不合适。他的语气始终是一种平等、关心和让人愉快的口吻，当对方提完意见之后，他会诚恳地告诉对方安全帽是用来保护员工的人身安全的，并建议对方工作时一

直戴着它。这一次效果果然不同，所有的人都把帽子戴上了——因为约翰先生让他们感到，戴帽子是一种需要，约翰先生是在为他们每一个人的安全考虑。

记得在成人教育之父卡耐基先生的一本书中曾看到过这样一段话："一百次中有九十九次，没有人会责怪自己任何事，不论他错得多么离谱。"的确，很多时候，我们总会为自己的失误找到理由，而对别人的过错进行责备。可实际上，我们用批评和指责的方式，并不能使别人产生永久的改变，反而会引起愤恨。一个人之所以那样做，一定有他的原因。你了解了背后的原因，也就不会对结果感到吃惊了。正如亚里士多德所说："全然的了解，就是全然的宽恕。"不要责怪别人，要试着了解他们，试着明白他们为什么会那么做，这比批评更有益处，也更有意义得多。

在许多情况下，我们之所以责备他人，不过是为了表现自己有多么高明，或者为了推卸自己的责任而已。可这并不是值得提倡的为人处世之道。古人讲"但责己，不责人"，也就是告诫我们要懂得谦虚，对自己严格要求，对别人宽容理解。这样对自己只有好处，而没有坏处。

所以，当我们想要责备别人的这不是那不是时，最好赶紧收拢嘴巴，并对自己说："看，坏毛病又来了！"这样，我们就可以逐渐改掉喜欢责备人的坏习惯了。

事实上，对任何人来说，给予他人的批评和攻击，所得到的效果都不会好。有人说批评就像家鸽，最后总是飞回家里。也就是说，当我们想指责或纠正别人的时候，对方很自然地会为自己辩解，甚至反过来攻击我们。换成我们是对方，也会如此。所以，我们应该放下指责和挑剔，学会理解和尊重，这样才能跨越心与心的距离，更好地与同事相处。

宽容为怀，营造良好的工作氛围

俗话说得好："退一步风平浪静，让三分海阔天空。"遇到事情不冲动，多一分宽容和忍让，或许可以让我们避免许多不必要的麻烦，也可以减少很多不必要的矛盾。

我们生活在大千世界中，免不了会与别人产生一些矛盾与摩擦。面对这些不快，每个人的处理方式又各不相同。如果一个人心胸豁达，懂得包容和宽恕别人，那么，他眼中的世界永远是阳光明媚、积极向上的。相反，心胸狭隘的人总是和别人针锋相对、斤斤计较，这样不但会伤害到别人，自己也会变得消极落寞。

在古希腊神话中，有个英雄人物名叫海格力斯。这一天，正当海格力斯在崎岖不平的山路上走着的时候，忽然发现前面有一个鼓起来的袋子。由于路窄袋子太大，它挡住了海格力斯的路。于是，海格力斯便抬起脚来，用力朝着袋子一脚踩下去。

然而，让海格力斯没想到的是，那个袋子不但没有被踩破，反而变得越发膨胀起来。作为一个人所共知的大英雄，居然被一个小小的袋子如此欺负，顿时海格力斯便被激怒了。于是，他抄起一根大木棍，使出了吃奶的劲儿去抽那个袋子，那袋子居然开始加倍地变大，直到最后把整条路都堵死了。

正在这时，一位智者出现了。智者满脸和悦地对海格力斯说道："年轻人，快点住手吧，离这个袋子远一点。你不知道，它的名字叫作'仇恨袋'，如果你不招惹它，它就会缩小到你刚刚看到它时候的样子；可是如果你不断地去侵犯它，它就会膨胀得越来越大。想想看，它把路给堵死了，你还怎么过得去呢？"

扪心自问，我们是不是也经常像海格力斯一样，有着强烈的"英雄情结"，在遇到矛盾的时候，轻易不会让自己吃亏，而是向对方步步紧逼。在我们看来，如果自己先做出让步那就是没面子、没尊严的事。可实际上，这种想法往往只会导致矛盾不断地被激化和升级，最后弄到无法收拾的地步。

其实我们要明白，一时的忍耐和宽容并不至于让我们丢掉面子，丧失尊严。相反，它恰恰是一种心胸豁达、成熟理智的表现。正如我的朋友米歇尔教授曾说过的：“如果说敌意和仇恨是一面不断增高的墙，那么忍耐和宽容则像一条不断加宽的路。”

如此看来，我们的确要学会宽容别人，善待恩怨，学会尊重自己不喜欢的人。因为一时的忍耐会让我们避免遭遇更多的不愉快，在宽容别人的同时，也为自己营造了一个安宁的心境。

荀子认为：“君子贤而能容霸，智而能容愚，博而能容浅，粹而能容杂。”在生活中，我们随时都可能遇到一些人说了对不起自己的话或做了对不起自己的事，此时，我们应当怎么办呢？是针锋相对、以怨报怨，还是宽容为怀、原谅别人呢？正确的做法是宽容之、理解之、原谅之，并以实际行动感化之。

对于个人而言，宽容无疑会带来良好的人际关系，自己也能生活得轻松、愉快；对于一个团体而言，宽容能营造一种和谐的气氛，利己利人。因此，宽容是建立良好人际关系的一大法宝。

颜亮是一家玻璃厂的经营者。有一家公司的采购员小李，欠了颜亮的玻璃厂8000元的货款，长期未付。一次，小李来到玻璃厂，对颜亮大发脾气，抱怨他生产的玻璃质量越来越差，说不会再买他们的玻璃了。最后，小李竟说自己欠的8000元钱也不付了，他所在的公司及他本人将不再采购颜亮公司的产品。

颜亮听后压住火气，又仔细询问了小李一些情况，竟出人意料地向小李赔起了不是，声称玻璃质量确实有不尽如人意的地方，最后说：“你的意见我会尽快处理。你欠的货款如果不付也就算了，谁让我的玻璃不争气呢！你说今后不再买我的产品，这也是你们的自由，随你们的便。你说我的玻璃有问题，我另外介绍两家玻璃厂给你们……”

颜亮这一番话出乎小李的意料。小李本不想付所欠的8000元货款，所以故意说玻璃质量有问题，试图堵住颜亮的嘴。但颜亮没有单刀直入地正面反驳小李，而是用了巧妙的迂回战术，假装虚心承认并接受小李的意见，待小李发泄完后，就展开攻势，用诚挚的话语向小李说明玻璃厂的现状及未来的发展前景。

小李最后被颜亮的诚意和坦率征服，还清了欠款。后来他不但继续到该厂采购，还动员了另外几家公司向该厂采购玻璃。古人云："小不忍则乱大谋。"世上不平之事比比皆是，若是事事计较，毫厘不让，只会让我们的生活很不愉快，我们的心也会因此更疲惫。

每个人处于社会中总是免不了和他人打交道，有时难免要面对别人的为难与挑衅，冷静分析、保持风度、律己宽人不失为一个良方。宽容是人和人相处必不可少的润滑剂，它和诚实、勤奋、乐观等一样，是衡量一个人气质涵养、道德水准的尺度。

假如工作中我们受到了不公正的待遇，或者自己身边的人做错了什么事，千万不要生气愤怒，而应用一颗宽容的心对待他。因为生气是拿别人的错误惩罚自己，是一种得不偿失的行为。

在人与人的交往中，误会、隔阂、矛盾在所难免，对此，我们所要表现的不是对他人的冷落，而是要给予他们必要的尊重和谦让，在消除误会的基础上，长期、稳定地携手合作。

古代圣贤孟子曾说："君子莫大乎与人为善。"其实也是在告诫世人，要想做一个为人称道、功成名就的君子，就要学会善待他人，善待的基本就是理解和宽容。这是任何想成功的人都必须遵守的规则，也是每一个企业老板所看重的员工的素质之一。

你肯为别人打伞，别人才愿意为你打伞

"白鹤报恩"之类的故事我们听过很多。这样的故事总在告诉我们，要多帮助别人，这样才能得到别人的回报。

但现实生活中，我们做的很多好事却不是为了对方的回报。我们给乞

丐一点零钱，给流浪的猫狗一顿饱饭，给陌生人一点帮助——这些我们所帮助的对象，以后也许再也不会遇到，更别说等待他们的回报。然而这样不计回报的帮助才是真心的帮助，才是善良的真谛。

帮助别人，不是为了回报，也不是为了让别人褒奖。《圣经》中说："你的左手做好事，不要让你的右手知道。"善良不是为了拿来炫耀和展示，而是心中时刻流淌的一种美德，是可以从帮助别人这件事本身获得快乐。

送人玫瑰，手有余香。这余香就是我们最好的报偿。我们并不需要收到玫瑰的人还赠我们一束百合或一篮瓜果，仅仅看到对方的笑容——因为自己无私地给对方带去了快乐，便已觉得满足。

在美国，很多学校都把学生是否经常参加社会活动及是否是慈善机构或非营利性机构的志愿者和学习成绩并列作为考核标准之一，所以美国人从小就鼓励孩子帮助他人。

其实，不管是工作中还是生活中，只有自己情愿付出，才能有所回报。比如友人之间相处，彼此越是心底无私、坦诚相待，就越会赢得更多更深厚的友谊。正如一位哲人曾经说过的那样："如果你懂得付出，你才能拥有财富。"获得某省青年科技奖的雪莉对生活也表达了类似的认识："生命就是付出、收获和享受的过程。"

当然，付出不仅仅体现在为了工作、为了事业的不懈奋斗中，它在我们生活中的时时刻刻都会体现出来。比如，我们为一位老人让出公交车上的座位，为问路的人指引正确的方向，为一位陌生人撑开雨幕下的伞……

在一个下雨天，一位老太太走到一家百货公司闲逛。大多数售货员都是只对老太太瞧上一眼，然后做各自的事情。因为他们都看得出，老太太分明是躲雨才进来的，而不是购物。

但只有一个店员例外，他没有像别人那样目中无人，而是主动上前和老太太打招呼，并很有礼貌地询问有什么需要自己做的。

老太太说，自己不准备买东西，只是进来躲躲雨。可这位店员却温和地说：“没关系，那请您等雨停后再走吧。”

就这样，老太太和店员就聊起天来。雨下了很长时间也没停，老太太说必须要离开了。只见这位店员拿出来一把伞，然后递给老太太，并告诉她什么时候路过这里再把伞送过来就行。

老太太很感动，她向这位店员要了一张名片，然后离开了。

几天之后，这位店员忽然被老板叫到了办公室，老板把那天他借给老太太的伞给他，同时还给了他一封信。

这封信是那位躲雨的老太太写的。里面的内容大致是，让这位店员前往苏格兰，代表该公司接下一所豪宅的装潢工作。原来，那位老太太不是别人，正是钢铁大王卡耐基的母亲。

显然，卡耐基的母亲是主动为这位帮助过她的店员“送钱”来的。装修钢铁大王的豪宅，交易额能少得了吗？试想，当初如果这位店员和其他人一样，没有付出自己的热情，那么还会有这样的收获吗？

从这个角度讲，付出也体现了我们的一种品质、一种修养。当我们乐于为他人付出，那么最终可能会得到意想不到的回报。这就和农民耕作一样，播种、浇水、除草，这期间的每一步都需要心甘情愿的付出。因为只有努力的付出，才能有秋收时丰厚的回报。

一位登山客在山中遇到了暴风雪，在风雪茫茫中迷失了方向。这场暴风雪突如其来，他的御寒装备又严重不足。他知道如果自己不尽快找到避寒处，不久后就会被冻死。

可是他没走多远，四肢已冻得开始麻痹，他知道自己时间已不多了。就在这时候，他看到不远处，躺着一个人，一动不动，原来这个人已经快冻僵了。登山客知道自己面临了一个困难的抉择：他应该继续赶路以求拯救自己，还是设法救助雪中生命垂危的陌生人呢？

最后，他做出了一个决定，设法救助陌生人。他脱下湿手套，跪在那个生命垂危的人身边，按摩他的手臂和双腿。那个人的血脉开始流通，四肢慢慢地能够活动了，最后还能站起来了。他们两人相互扶持，患难与共，找到了一个可以避寒的山洞，他们生还了。

帮助别人就是帮助自己，当你帮助了别人，让他们得到他们需要的事物，你往往就会得到自己需要的事物。按照古人所说，即“投之以木瓜，报之以桃李”。在日常生活中，有许多偶然的事情将会决定你未来的命运，但前提是你必须助人和受助。

亚弗烈德·阿德勒是世界著名的精神医学家，他常对那些孤独者和忧郁病患者说：“只要你每天想想，如何才能使别人得到快乐？让别人感到人世间的爱心力量，那么在14天内你的孤独忧郁症就可以痊愈。”在漫漫的人生道路上，你如果能够经常帮助别人，让别人感觉到快乐，那么你将照亮你暗淡的心灵，获得温暖，度过寒冷的冬季，跨过每道障碍。

你包容别人，就说明你已经比对方强大了

俗语有言：“刀不磨不锋利，人不磨不争气。”在日复一日的生活中，我们难免会受到各种各样的折磨：敌人的百般打击、上司的百般刁难、同事的冷嘲热讽、朋友的风言风语……这些看似与自己为敌的人，往往也是自己的贵人。所以，我们不必对他们心存怨恨，而是要积极地面对他们，因为毕竟是他们激发了我们的斗志，磨炼了我们的意志，从而提高了我们的才能。

成功学大师卡耐基说：“一个人在饱受对手折磨的背后隐藏着未来的成功，所以，折磨你的人是促进你取得成功的动力源。”一位哲人也说过，任何的学习，都比不上一个人在与对手较量的时候学得迅速、深刻和持久，因为它能使人更深入地了解社会，接触社会现实，使我们得到提升与锻炼，从而为我们铺就一条成功之路。

因此，如果你能够以感激的心态去对待你的“敌人”，那么你就不再是一个悲观消极、面对苦难掩面而泣的人，而是一个在道路上无往而不胜的勇士。

汽车大王亨利·福特出生于密歇根州格林费尔德城，父亲是当地一个农民。福特在家排行老大，所以从13岁开始，他就在一家私人加油站打工养家糊口。

福特刚开始想学修车，因为他很早就对机器类的玩意儿感兴趣。但是，起初老板只允许他在前台接待顾客，打打杂。

老板是个极为苛刻的人，每次都不让小福特闲着。每当有汽车开进来时，都会让他去检查汽车的油量、蓄电池、传动带和水箱等。后来，老板又会让他去帮助顾客擦车身、挡风玻璃上的污渍。有一段时间，每周都有一位老太太开着她的车来清洗和打蜡。这个车的车内踏板凹得很深很难打扫，并且这位老太太极难说话。每次当福特给她把车清洗好后，她都要再仔细检查一遍，并让费雷斯重新打扫，直到清除掉车上的每一缕棉绒和灰尘，她才会满意。

终于有一次，小福特忍无可忍，不愿意再侍候她了。这时店老板厉声斥责他说："你不愿干就赶快滚，你自己看着办吧！"小福特心中很是痛苦，回家后就将事情告诉了父亲，父亲却笑着告诉他："好孩子，你要记住，这是你的工作责任，不管顾客与老板说什么，你都要尽力做好你的工作，这将会成为你的人生财富。"

在以后的日子中，小福特就谨记父亲的话，不管老板与顾客再怎么刁难他，他都会以微笑视之，并努力将事情做好。几年后，福特就凭借自己的各种基本洗车技术以及其在顾客中的良好表现，开起了自己的店面，最终成为世界级的"汽车大王"。

其实，福特的成功与他懂得感激那些折磨自己的人有着极大的关系。"吃一堑，长一智"，那些让你吃一堑的人正是给你一智的客观条件。如此，你为什么不对其心存感激呢？只有学会感谢折磨你的人，才能让你与成功结缘。

为此，我们不妨问问自己，在日常生活和工作中，你是否有这样的感受：你的上司很差劲，经常批评你或者对你有误解，而这种情况反而促使你萌生一定要成功的念头；你的父母兄弟对你的关心不是很多，而且他们也没有更多的条件来给你提供什么帮助，你是不是会因此而萌生要闯出一番天地的念头……

从心理学角度来看，当一个人受到的打击超过自己心灵所能承受的限度的时候，他就会爆发出一股力量，这股力量会驱使他要向别人证明“我能够成功”。

如此看来，我们是不是要对那些折磨过自己的人心存感激之情呢？如果没有他们，或许就没有我们今天的成就！

曾经，一位记者问奔驰的老板：“奔驰车为什么能进步如此之快，迅速风靡世界？”奔驰的老板答道：“因为宝马将我们追得太紧了。”几日后，记者又问宝马的老板同一个问题，宝马的老板回答说：“因为奔驰跑得太快了。”

很多实例都说明了对手就像是推动我们不断进步的一双手。当我们被对手追赶，并很可能被超越时，我们才会毫不懈怠、全力以赴地奋力拼搏，这让我们始终向着更好的方向发展。所以，面对和自己匹敌的对手时，我们应该以欣赏的目光去感谢他们。

身为爱尔兰著名女作家的梅芙·宾奇曾经是一所学校的老师，由于收入很低，她的生活过得很是清苦，总是需要向别人借债度日。后来，由于债主的百般催逼，促使梅芙·宾奇拿起了笔，通过写文章来挣钱还债。经过一番努力，渐渐地，梅芙·宾奇的名字在爱尔兰家喻户晓。很多年后，当她在公共汽车站偶遇当年的那位催债的债主，她不胜感激地说：“谢谢您，是您把我逼成了畅销书作家！”

可见，梅芙·宾奇的成功正是来源于对手的“逼迫”，如果债主当时没有给她压力，也许她仍然生活在碌碌无为之中，还过着拮据的生活。从这个角度来说，一个没有厄运、没有对手的人，是很难成为强者和有所作为的。

因此，在某种意义上，我们永远不要试图消灭对手，而应该乐观看待对手的强大和优秀。正如希腊船王欧纳西斯所说的：“要想成功，你需要朋友；要想非常成功，你需要敌人。”

不可否认，生活中，每个人几乎每天都会受到折磨，而每一次折磨都代表你又要进步了。那些折磨我们的人可以让我们时刻检讨自己，哪些地方做得不好，哪些地方需要改进，进而让自己变得更坚强、更优秀。如果说，对你好的人是在“帮助你成功”，那么折磨我们的人则是在“逼迫你成功”。为此，我们从现在起，就要时刻对折磨我们的人心存感激。只有这样，我们才能在折磨中体会到一种幸运和满足，才能使自己更为成功。

学会沟通，不要和同事蛮不讲理

有句俗话叫“一个好汉三个帮”，我们一向普遍认同“在家靠父母，出门靠朋友”“朋友多了路好走，多个朋友多条路”的处世原则。虽然对大多数人来讲，同事关系还达不到“朋友”一般的热切程度，但同事却是和我们相处时间最长的人。

不妨算一下，我们每天有 8 小时睡眠时间、8 小时工作时间，其他时间要吃饭、赶路等。这样就不难得出，在单位里和同事共处的时间占去了我们一天当中的很大一部分时间，超过了我们和家人、朋友共处的时间。

因此来说，同事之间关系如何势必会影响我们的心情，进而影响我们的生活质量。如果我们在公司和同事发生了争执，回家后，心情会很郁闷、烦躁，甚至将火气转移到家人身上，影响家庭和谐。因此，不论是为了有个好的工作环境，还是为了良好的家庭氛围，我们都要处理好同事关系。

由此，我们也看出沟通的重要性之所在。有相关专业人士研究得出结论，同事之间沟通主要存在 4 种形式，下面我们就通过表 4 来看一下各种沟通方式的优缺点。

表 4　几种常用的沟通方式

沟通方式	举例	优点	缺点
口头	交谈、讲座、讨论会、电话	快速传递、快速反馈、信息量很大	传递中经过层次越多，信息失真越严重，核实越困难
书面	报告、信件、文件、内部期刊、布告	持久、有形、可以核实	效率低、缺乏反馈
非言语	声音、光信号、体态、语调	信息意义十分明确、内容丰富、含义隐含灵活	传送距离有限、界限含糊，只能意会，不能言传
电子媒介	传真、电子邮件、计算机网络	快速传递、信息量大、可同时传送多份	单项传递，虽然电子邮件可双向互动，但看不到表情

表 4 中是我们在与同事沟通时的一些方式及各自的利弊。了解了这些，我们可以根据自身情况来灵活掌握和同事沟通的方法与技巧。

所有这些的目的，都是使我们和同事相处起来更融洽、更和谐，这样才能让我们的工作更快乐、更积极。因此，我们要尽量将一些不可避免的矛盾大事化小、小事化了，以理服人、以情动人，千万不要蛮不讲理，激化矛盾。

前些天，我在一次培训活动中遇到一个叫汤倩的女孩，见到她的时候，她正不停地抱怨：最近这段时间郁闷透了。原因是什么呢？原来是因为他们公司新来的一位同事。这个同事虽然来的时间很短，但“士气很旺”，常和同事们作对，当然也包括汤倩在内。

其他部门的同事倒还好说，即便发生了口角，因为工作中交叉不多，也就没什么太大的冲突。但是汤倩和他在一个办公室，不得不三天一小吵，五天一大吵，矛盾重重。

有一次，汤倩正在做一张报表，这位新同事毫无感情色彩可言地对她说："小汤，我要出去一趟，待会市场部的赵岩可能要过来交一笔货款，你记得帮我记一下账。"

虽然汤倩心里挺不情愿的，但碍于是同一个部门的同事，就应允了。赵岩交完货款后，汤倩认真地记好了账，但令她没想到的是，正是自己的这一次帮忙带来了大麻烦。

原来，到月末公司进行核对款项的时候，发现这位新同事的账单有问题。可是他不但没有承认错误，而是倒打一耙，说肯定不是自己弄错了，是有人在他的账上做了手脚，矛头直指汤倩。

此时，汤倩心中压抑已久的火气全部爆发出来："饭可以随便吃，话可不能随便说。你也是30多岁的人了，怎么张嘴就说瞎话。咱们俩平时是有矛盾，但我也不会这样报复你。我平时是怎么对你的，你用电脑不熟，是不是我总教你？你不知感恩，还反咬我一口，简直就是白眼狼！你心胸狭窄，暗地里给别人使坏，就以为别人都和你一样，你说你像话吗……"

汤倩的怒气未消，新同事的脸上却显露出一副受了天大委屈的样子，说道："反正我是新来的，你怎么说，别人都会信你。经理，你怎么处理，我都接受。"

汤倩的火越发压不住了，就大声嚷了起来："少在这儿装可怜，你平时和我吵架的时候还不是嚣张得很嘛！"

"够了！汤倩，你不要咄咄逼人。"只听经理发出了命令，不让汤倩继续说下去，经理说道，"你不要这样对新同事，传出去对我们公司的影响不好。这个账的问题还得继续调查，为了保险起见，你最近可以休息一下，等调查结束后，我再安排你的工作。"

我想，看完这个故事，或许很多人会为汤倩鸣不平，她才是实实在在的受害者呀！可是我们也不要忘了，尽管汤倩有理，但她由于急于发泄心中的怒气，就口不择言，对新同事进行人身攻击。这种情况下，不管谁对谁错，领导肯定是对汤倩不满的。如此一来，汤倩自然处于被动地位，被停职也是必然的后果了。

其实，每天和同事相处，工作中那么多的交叉，出现矛盾也属正常。这时候就需要我们冷静下来，理性处理，不要非得出了心头那股恶气才肯罢休。不是有这么句老话嘛：有理走遍天下。如果你的做法是正确的，完全可以跟同事讲明道理，以理服人。

李霞所在的部门接到一份难度很高的工作，部门经理告诉大家公司对该项目非常重要，一定要积极、按时完成，并指定了李霞做这项工作的负责人。最初，大家都积极投入到工作中，全力以赴地策划这个项目。但是，在一次部门会议上，李霞和同事刘宁的意见产生了分歧，刘宁觉得自己的方案好，李霞认为自己的办法更合适，一时间两人僵持不下。

当时，李霞很烦躁，但她努力让自己冷静下来，然后认真地分析了一下，经利弊权衡，她发现还是自己的方案比较完备，刘宁的方案虽说也不错，但是执行起来难度太大。

于是，李霞约了刘宁，将自己的想法一五一十地说给刘宁听。刘宁听完，觉得李霞说得有理，自己的方案确实没有李霞的可行性高，就不再投反对票了。

这个案例和上一个完全不同，故事中的主人公没有采取据理力争的行为方式，而是温和平静地讨论工作，这种以理服人的沟通方式显然更能得到同事的配合和欣赏。

不过，这种方式并非适用于每个人。有这样一种人，你越跟他们讲道理，他们越是一副高高在上的姿态，甚至连正眼都不看你一下。但是，这种人大多有一个软肋：吃“软”不吃“硬”，当你以“软”的方法与他们过招时，他们反而会从高处走下来，与你和平相处。这个“软”字的内涵就是以情动人，也就是用感情打动同事的心。以感情为主，道理为辅，再难缠的同事也会被你搞定。

凡事多站在对方立场上思考

在与他人相处时，我们要学会站在对方的角度来考虑问题，也就是换位思考。

换位思考就是设身处地为他人着想，在互相宽容、理解的基础上，站在别人的角度思考问题。将自己置身于对方的处境和问题之中，设想如果这件事情发生在自己身上，会有什么想法并且作出怎样的反应。

因为每个人的思维方式不同，对待同一件事情也会有不同的反应，所以不妨试着站在对方的角度，用对方的思维方式来思考问题，这样我们才能更加容易理解、包容对方的行为。

在工作和学习中，换位思考就是换一种思维、换一种方法、换一个角度，来重新看待事情，这是一种创新和探索。

只要学会对人对事都换一种角度来思考，你就可以从纷繁复杂的琐碎中解脱出来，从钩心斗角的环境中脱离出来，你看到的世界将会越来越美好，你的心态也会越来越平和。

靳彩霞是北方一所著名大学的商学院毕业生，从名牌大学刚毕业时，她意气风发、踌躇满志，立志一定要干出一番事业来。

可是，进公司三个月后，她就觉得自己已经没有办法再在这个公司生存下去了，左思右想后，她打算辞职。

当靳彩霞将自己的决定告诉朋友齐小倩后，齐小倩不解地问道："你现在这个公司挺有名气的，我觉得你在公司的发展空间也很大，为什么突然决定辞职呢?"

"因为部门的同事都特别小心眼，一个个鼠目寸光的，还有就是我觉得所有的同事都看我不顺眼，处处跟我过不去。最主要的是，我们经理是个无能之辈，在他的领导下，我永远没有出头之日，更别说有什么好的发展前景了。我已经无法忍受了，如果不辞职的话，我迟早会崩溃的！”靳彩霞把郁积在心里的苦闷一股脑儿地发泄了出来。

“怎么这么苦大仇深啊？到底发生什么事了？”朋友齐小倩关切地问道。

“我们经理总是把活儿分给大家，自己什么都不干，你说他有什么能力？而且同事也总是给我很多的活儿，这明明就是跟我过不去嘛！你说，我能不辞职吗？我要是再干下去，用不了多久，就会精神崩溃的！”靳彩霞情绪有些失控。

“那如果你是经理，你会怎么做呢？”朋友齐小倩问靳彩霞。

“我又不是经理我怎么知道，况且我也没有必要知道！”靳彩霞没好气地说。

“可是从商学院毕业，你也应该明白，作为管理者，你们经理的主要任务不是把一切活儿都揽在身上，冲锋到一线，而是帮助下属解决工作中的困难，为本部门争取到更多的资源。要是他像其他人一样什么都干，他这个经理也就和普通员工没什么两样了。”朋友齐小倩开导靳彩霞道。

“可是，他总不能把所有事情都推给我们干吧！”靳彩霞的语气虽然有一些缓和，但还是一脸的不服气。

“那你说他每天都干些什么？是玩游戏、打私人电话、看闲书吗？”看靳彩霞不吱声，朋友齐小倩又继续说，“估计不是。所以啊，你得站在你们经理的角度想想，为了协调部门里的工作，他需要做什么？为了解决你们下属的问题，他又需要采取什么措施？他还要预测工作中可能会遇到的问题。这些都是他需要做的，你怎么能指责他什么都没干呢？”朋友齐小倩反问道。

听了朋友齐小倩的话后，靳彩霞陷入了沉思。

案例中的主人公靳彩霞正是因为没有从经理和同事的角度出发看待事情，所以造成了她对经理和同事的偏见，使自己的情绪发生了波动，进而产生了辞职的念头。

假如靳彩霞和她的朋友齐小倩一样，懂得进行换位思考，她就不会抱怨经理“什么事都不干，没有本事了”，而是理解经理的职责和做法。同样，她也不会埋怨同事总给自己很多的活儿。因为从另一个角度来看，这也是锻炼自己的好机会，既帮助了同事，又提高了自身的能力，何乐而不为呢？

由此可见，换位思考在处理人与人之间的关系以及看待、完成事情的方法上都有着非常重要的作用。而且很多时候，你会发现，对人对事换位思考，就是绝境中的逢生，就是“山重水复疑无路”之后的“柳暗花明又一村”。

下面，我们就来讨论一下，在人际交往中，我们应该怎样做才能有效地进行换位思考：

首先，要认识到这个世界上每个人的思维、观念、人生观都是不一样的。不同的人对待同一件事情有不一样的看法是再正常不过的事情，就算是最亲近的人也不可能想法、意见完全一致。有了这个认知前提，在和他人意见产生分歧时，你才不会情绪失控、咄咄逼人，更多的是包容和理解。

其次，要有同情、怜悯之心和宽容的心态。这个世界无论科技如何进步，物质文明如何提高，都改变不了这样一个事实，那就是“做人不易”。不管是富豪还是贫民，老师还是学生，老板还是员工，都是非常不易的。既然大家都不易，我们就不应该对他人的失意、挫折、痛苦幸灾乐祸，而是要怀着一颗善良、关怀的心去体恤他人。

我们需要明白，每个人都有自己的优点和缺点，不可能十全十美，也不会一无是处。尊重他人，就是不苛求他人与自己保持一致，就是以平常心态接纳他人、欣赏他人。这样我们才会从心里真正做到设身处地为他人着想，体谅他人的难处。

成功交往，快乐工作

人与人交往需要沟通，在工作中，无论是员工与员工、员工与上司，还是员工与客户，都需要沟通。良好的沟通能力是工作中不可缺少的，一名优秀员工绝不会是一个性格孤僻的人，相反，应当是一个能设身处地为别人着想、充分理解对方、不以针锋相对的形式对待他人的人。

沟通是传达、倾听、协调，是团队成员必须具备的素质。通用电气公司前 CEO 杰克・韦尔奇曾经说过："我始终认为人的因素是一个企业成功的关键所在。根据我 40 年的工作经验，我发觉所有的问题归结到最后都是沟通问题。"一个团队要有效地运作，最主要的因素就是沟通。因此，对一名团队成员来说，沟通是一种至关重要的能力。通用公司正是这样做的。

杰克・韦尔奇最成功的地方，是他在通用电气公司建立起了非正式的沟通方式。通过这种非正式沟通，韦尔奇不失时机地让员工感到他的存在。他不断地沟通，而且永远不停止。他最擅长的沟通方式就是提起笔来写便笺，有给直接负责人的，也有给小时工的，这产生了无比强大的影响力。每次韦尔奇从文具夹中拿起黑色圆珠笔，不一会儿，就有便笺通过传真直接传给员工。

韦尔奇写这些便笺的目的是鼓励、激发和要求行动，他通过便笺表明对员工的关怀。韦尔奇知道，从他手中发出的只字片语都很有影响力，它们比任何长篇大论的演说都更能拉近他和员工的距离，而且这也是他能与下属们有效地传达重要观念的最佳方式，所以他乐此不疲。

1987 年，韦尔奇向公司员工发表演说时指出："我们已经通过学习明白了'沟通'的本质。它不像这场演讲或录音谈话，它也不是一种报纸。真正的沟通是一种态度、一种环境。它是所有流程的相互作用，它需要无数的直接沟通，它需要更多的倾听，而不是侃侃而谈。它是一种持续的互动过程，目的在于创造共识。"

对韦尔奇来说，沟通是个人的事。个人的沟通有时远远超过程序化的沟通所达到的效果。管理者和员工一段随意的或短暂的对话远比在企业内部刊物上刊登大段文章来得更有价值。

采用这样的交流方式，管理者要能够让员工和自己畅通无阻地交流，互相理解，紧密合作，这样才能够最大限度地发挥团队作用。实行非正式的沟通管理方式意味着：打破发布命令的链条，促进不同层次之间的交流；改革付酬的方法；让员工觉得他们是在为一个通情达理的老板工作，而不是一个冷酷的公司。

沟通对于整个团队工作效能的提升十分重要。如果员工之间处于一种无序和不协调的状态，双方之间互相推诿责任，以致各种力量被互相抵消，“既然我做不成，那么我也不让你做成”。这样的内耗既消耗了别人的力量，也削弱了自己的实力，在这种团队中也不可能出现什么高效能员工。我们要实现双方的合作关系，就必须杜绝自己有上述想法或行为出现，争取在不损害自己的利益的基础上也充分保证对方的利益。

能够使员工时时刻刻感受到管理者存在的最有效的沟通方式，就是开展随时性的不同层次间的非正式沟通，使他们感觉自己是为一个很有人情味的企业工作，管理者关心他们并了解他们，而不是像有的企业，员工与公司之间的关系只有冷漠。

成功篇

第七章　成功在我，逆风飞扬

——自我价值再发现，正确思考自身的力量

第八章　心有心主意，风景不转心境转

——向内求，原来你并非不快乐

第七章　成功在我，逆风飞扬

——自我价值再发现，正确思考自身的力量

我们在为谁工作

身处职场，有的人会觉得是在给老板打工，为公司工作；有的人会认为工作创造了价值，在工作中也收获了很多，所以是在为自己工作。

同是在职场，却有如此截然不同的心态。那么这两种心态会有不同的作用吗？会有不同的结果吗？

事实上，如果仅仅把工作看成打工，那你只是找到一个谋生的手段而已；只有以主人的心态去工作，才能把工作做完美，成为事业上的成功者。

曾经有一位木匠，他一直给别人盖房子。渐渐地，他就心生厌倦了，他决定辞职不干，回老家乡下去定居。

他的老板知道了此事后，很是不舍，毕竟是和自己一起工作多年的老伙计了，而且又很负责，所以老板一再挽留。可任凭老板怎么挽留，木匠还是去意已决。

随后，老板请木匠再为自己建造他职业生涯中的最后一所房子，就算是给他个人帮忙。碍于多年的情分，木匠欣然答应了。但同时他心里在想：反正我建完这一所房子就不干了，所以随便应付一下得了。

带着这样的想法，他的房子建的质量也就可想而知。这位木匠不

仅手艺退步，而且还偷工减料，全无往日的水准。

房子建好之后，老板拿出一串钥匙，递到木匠手上，诚恳地说道："你为我工作这么多年，房子归你了，这是我送给你的礼物。"

一听老板这么说，木匠拿着钥匙的双手一个劲儿哆嗦着，他的心里正后悔不已……要是当初他知道是在为自己建房子，他披星戴月也要建出最完美的房子，而不是这样一座"烂房子"。

这虽然是一个故事，但是我们从中却不难发现实实在在的道理。想想职场中，很多人在工作上就是和这位老木匠一样的心理，每钉一颗钉子、放一块木板、垒一面墙，都是带着应付的心态去做，而没有竭尽全力。

或许每个人的表现会有所不同，但是他们流露出来的心态却是一样的，那就是"打工心态"，也就是"我是为老板、为公司在工作，而不是为了我自己在工作"。

在此，我要奉劝每一个职场人士，如果你也有这样的心态，那么一定要警惕了。这种打工心态是非常消极和不利的。从某种意义上来说，它限制和固化了人的思维，弱化了人的责任意识，扼杀了人的创新思维，结果会束缚自己的发展和断送自己的美好前程，一辈子就永远是打工的。正如故事中的老木匠，认为自己是在替别人干活，然后在工作中"偷工减料"，那么，最终收获的就只能是一栋"烂房子"。

所以，不管你是刚刚迈入企业的新人，还是在职场打拼多年的老手，你想做打工仔，你就是打工仔，你想做主人翁，你就是主人翁，关键在于你是否对工作尽职尽责。

一棵大树上同时住上了两只喜鹊，其中一只喜鹊比较懒，而另一只比较勤快。开始垒窝时，勤喜鹊仔细寻找结实的树枝和稻草，精心地布置自己的窝，丝毫不敢怠慢。而懒喜鹊则偷工减料，心想只要能容身就行。

勤喜鹊的窝还没有建到一半，懒喜鹊的新窝就大功告成，住了进去。懒喜鹊嘲笑勤喜鹊愚蠢，说道："你呀做什么都那么的认真，反正又住不了多久，这么认真干吗！”勤喜鹊没有理会懒喜鹊，还是继续兢兢业业、认认真真地搭建着自己的窝。

时隔不久，两只喜鹊都有了自己的孩子，懒喜鹊的窝本来就小且不结实，加上被孩子们一折腾，有点摇摇欲坠的感觉。但是，懒喜鹊毫不在意，还自我安慰道：“没多久孩子们就长大了，坚持一下就过去了！”

有一天下大雨，懒喜鹊和小喜鹊们都睡熟了，窝突然掉了下来。懒喜鹊虽然没事，可怜它那些无辜的孩子们因为还没有学会飞，被活活地摔死了。懒喜鹊只好伤心地住到勤喜鹊家，看到勤喜鹊结实的窝和可爱的孩子们，它大哭起来：“都怪我当时没有好好垒窝，现在把我的孩子害了。”

对于喜鹊来说，筑巢即是它们的工作。懒喜鹊没有意识到鸟巢是自身安危的保障，它偷工减料、马马虎虎地对待自己的工作，结果不结实的鸟巢坠地了，孩子们一命呜呼，懒喜鹊遭到了对工作不负责的残酷教训。

工作是一个人在社会上赖以生存的基础，我们要时刻铭记：当我们进入到一家企业的时候，我们自身就已经和工作、企业绑在了一起，对工作负责就是对自己负责。对工作越负责，我们越能做好工作，越能获得更大的利益，个人事业越能更进一步。

说到底，对工作负责也就是对自己的人生负责。无论是初入职场的新人，还是历经风云的职场元老，都绝不能轻率对待自己的工作，要时刻对工作保持强烈的责任感，为自己切切实实地承担起责任来。

认识工作的意义，在工作中发现自我价值

我们每个人都有属于自己的职场价值，但要想让我们的价值最大化，那么前提是我们要认识和感受到工作对我们的意义。不管身处何地，也不管职位高低，我们只有认识到工作的意义，才能逐步在工作中发现自我价

值。与此同时，我们才会在这个位置上逐渐散发出光芒，让周围的人看到自己的存在。可以说，如果想在职场上走得更顺畅、过得更快乐，那么我们就有必要认识到工作的意义，并爱上工作为自己带来的一切，也就是爱上我们的工作。这样一来，我们人生的方向才会更明确，我们才会发现自我价值，我们的目标才会有更多实现的可能。

乍看上去，天才和庸才实在是天壤之别，但细细研究，他们所差的只是行之有效的选择，就像物理学家阿基米德说的："给我一个支点，我将撬动地球!"天才之所以为天才，就在于他们找到了属于自己的位置，而这个位置可以最大限度地激发出他们的潜能，撬动起职场这个不大不小的星球。

那么如何认识工作对于自己的意义呢？这就需要我们正确认识自己，认真分析自己，分清自己的优势和劣势。人贵在自我认知，只有在"知己"的基础上，才能有选择性地"知彼"，这样，我们才会爱上工作，才能百战不殆。

接下来，你或许可以从富士康这位员工身上，感受到发现自我价值的要义。

9 年前，债台高筑的郭利文从湖南老家来到深圳。由于没有钱，他差一点露宿街头。

随后，他应聘进入到富士康公司。但起初的工作并不顺利。由于他所参与的专案遇到了技术上的麻烦，所以不得不请来自台北的工程师辛苦调试。

在那20 多天的时间里，郭利文一直都陪着工程师，以至于对方都奇怪地问他："这儿没你什么事，你守在这儿干吗?"郭利文回答道："我想跟着你们学，也力所能及帮帮你们。"20 多天下来，郭利文确实从工程师身上学到了不少东西。

由于勤奋肯学，创新进取，郭利文从一个硬件工程师做起，通过在主板 PCA（主成分分析）设计开发、CPLD（复杂可编程逻辑器件）

软件开发与设计等多个岗位的历练，他迅速获得了客户和主管的肯定，获得“富士康优秀技能之星”等荣誉称号，并快速晋升：2009年，他被提拔为课长，2011年晋升专理，2013年晋升副理。

郭利文坚定地表示：“30岁之前，我希望能有一些文字来总结自己的研发历程。”2011年1月，他出了一本叫《CPLD/FPGA设计与应用高级教程》的书。这本在外行人看来名字很复杂的书，被国家列入“十二五”高等院校规划教材。

郭利文不仅自己写书，还翻译了一本非常专业的英文书——由美国作家马蒂·布朗（Marty Brown）撰写的《电源与供电》。郭利文知道电源管理对公司的重要性，所以他下决心一定要啃下这块硬骨头。不懂电源的郭利文边学边翻译，只用了两个月便完成了翻译工作。在三用人才群英会现场，富士康总裁赞许郭利文：“这本书是不容易翻译的书，你能翻译出来，非常值得骄傲！”并当场买下1000本，供员工学习。

谈到今后的工作，郭利文认为，伴随着工业4.0，整个硬件系统也会发生巨大的变革，服务器行业也不例外。目前郭利文带领的团队是成立不到两年的新团队，他对外界信心满满地表示：“我们的这颗种子才刚刚发芽，未来必将长成一棵大树。我们要让富士康的服务器在中国乃至全球市场占一席之地！”

由此可见，找准自己的工作位置，做自己喜欢的工作，热爱自己的工作，我们的内心便会充满愉悦感，即使工作再忙再累也是快乐、充实的事情，而且我们很有可能发挥最大的才能，创造最佳的成绩。

需要指出的是，在竞争激烈的职场环境下，找到一份工作就很不容易了，更别说找到自己喜欢做的工作了。毕竟先有生存，先有温饱，才能谈做自己喜欢的工作。

事实上，在这里我们所说的找准自己的位置，是一种广泛意义上的定义。职场中的机会对于每个人都是平等的，我们要做的就是让爱工作转化成为有效率地去工作，只有这样，我们才能走在众人前列，完成职场的新突破，也才能感受这种突破所带来的快乐感和成就感。

生性内向的刘淼毕业于某大学管理系，他一直希望从事比较安静的行政类工作，但是“理想很丰满，现实很骨感”，刘淼和自己喜欢的工作失之交臂，只好委曲求全地干上了自己深恶痛绝的销售，这让他觉得自己每天都生活在水深火热中。

第一次去拜访客户的时候，毫无实干经验的刘淼碰了一鼻子灰。他一向自视清高，从来没尝过被拒绝的滋味，吃了闭门羹后大受打击，再加上对这份工作本身提不起任何兴趣，他回到公司后立即向老板提出了辞职。

老板看了辞职报告后，了解了一番刘淼的状况，并没有立即同意他辞职，而是语重心长地说：“年轻人，你怎么就知道自己干不好这份工作呢？要知道，只要你喜欢上一份工作，那么你肯定就会有所作为的。”

刘淼抱着试一试的态度留了下来，他开始有意识地劝说自己要喜欢销售工作。刘淼学习能力很强，接受新事物的能力也很强，做了半个月的时候，情况就开始发生了改变：刘淼发现自己和以前不一样了，他面对各种人都能轻松应对，而且谈吐还优雅得体，幽默风趣，特别是在赢得了自己的第一个客户后，更是雀跃不已，心里的那种满足感更是一种享受，“原来，喜欢也不难”，他终于觉得自己开始爱上了销售工作。

我们每个人都希望能够升职加薪，但是却往往只停留在幻想上，不热爱工作，也不感恩工作，所以也就不可能付诸积极的行动，这样，我们只会幻想，永远也无法在事业上取得成功，更别提感受工作带来的快乐了。

爱人者，人恒爱之。同样的，既然选择了一份工作，就是选择了一种实现人生价值的方式，就要认真地做好它，真心地热爱它。要知道，如果我们喜欢一份工作，这份工作也会喜欢我们，也会为我们带来意想不到的惊喜。

改变职场观念，与公司一起成长

不少人认为，自己区区一个“小兵”，把上司交代给的任务做好就行了，至于公司发展得如何，还是留给那些高层领导去考虑吧！

这样的想法看似“单纯”，工作起来也貌似更轻松、更快乐。但是，对于一个真正负责任的职场人士来说，这样的心态却是很不可取的。要知道，公司是由一个个具体的人组成的，我们是公司的一分子，是每天为公司创造价值的人，是与公司利益攸关的人。如果我们不能心系公司，带着和公司共同成长的态度去努力，那么我们很容易在浑浑噩噩中耗尽自己的青春。到那时，我们才会恍然大悟，原来自己为了一时的轻松快乐而失去了太多。想必这时候的心情也已经距离轻松快乐很远了吧！

我们应该知道，只有把工作放在心上，我们才能不计得失地去奋斗。认真负责地对待工作，在一定意义上说其实是爱自己。当我们真正心系公司的时候，我们会发现我们做的每一次努力，付出的每一点劳动都迸发着闪亮的火花。与此同时，我们也会感受到，未来竟然已经被自己掌握在了手心里。

有一次，我的朋友劳尔很不满意自己的工作，他愤愤地对我说：“我在公司里的工资是最低的。并且，老板也不把我放在眼里，如果再这样下去，有一天我就辞职不干了。”

“你对公司的贸易情况熟悉吗？对于他们所做的电器贸易的窍门完全弄清了吗？”我问他。

“没有，我懒得去钻研那些东西。”劳尔漫不经心地回答我。

“我建议你先静下心来，抱着积极的态度，认认真真地对待自己的工作，好好地把他们的贸易技巧、商业文书和公司组织完全搞通。

包括签订合同等细节都弄懂了之后，再做决定，这样，你可能会有许多收获。”

劳尔听从了我的建议，一改往日散漫的习惯，开始积极地投入到工作之中；下班后还常常在办公室里研究商业文书的写法。

半年后，他和我又聚到了一起。“你现在大概都学会了，是不是又准备拍桌子不干了？”我问他。

“可是，这几个月来，老板对我刮目相看。最近，更是委以重任，又升职，又加薪，我都快成了公司里的红人了。”劳尔对我说。

“这种情况，我早就料到了。”我笑着说，“当初你的老板不重视你，是因为你在工作中自由散漫、敷衍了事，又不努力学习。现在，你的工作态度这么积极，真正把心放到公司里了，当然会令他刮目相看了。”

显然，劳尔因为改变了自己的观念，做到了与公司同呼吸、共命运，从而使得他在公司的地位来了个180°的大转弯。

已故的佛里德利·威尔森，曾经是纽约中央铁路公司的总裁。关于如何才能使事业成功，他曾说：“一个人，不论是在挖土，或者是在经营大公司，他都必须认为自己的工作是一项神圣的使命。不论工作条件有多么困难，或需要多么艰难的训练，始终用积极负责的态度去进行。只要抱着这种态度，任何人都会成功，也一定能达到目的，实现目标。”

我认为，如果每一个身处职场的人都能够把心思放在自己的工作中，把公司当成自己的公司去做，那这名员工定是一个忠诚且有责任心的员工，他一定会得到老板的关注和赏识，也定会得到相应的回报。

总之，对待工作，我们要始终秉持一种热爱的情绪，要像老板一样时时处处为公司着想，多承担一份责任。这不仅会让我们自身的能力和素质得以提升，还会使我们更好地维护公司的利益，更能够体现我们自身对工作认真负责的敬业精神。如此坚持下去，那么我们内心所期待的，必将一一实现。

先相信你自己，然后别人才会相信你

在所有人身上，都有一个非常重要的性格特征，它对于人的一生是否快乐、是否坚强、是否取得成就、是否有良好的人际关系等几乎各个方面都有着至关重要的影响。这一性格特征就是：自信！

我一直认为，一个自信的人，才会在任何境况下都对自己持有信心，才会用欣赏的眼光看待自己，让自己充满力量地去迎接挑战、战胜困难。但是很遗憾，我发现很多人容易犯一个愚蠢的错误，就是看到别人拥有的什么都好，看自己拥有的什么都不好。他们总希望自己能拥有别人的生活，换言之，他们对自己所有的一切没有信心，从不用欣赏的眼光看待自己。

爱尔兰剧作家萧伯纳说过："有信心的人可以化渺小为伟大，化平庸为神奇。"无独有偶，美国作家爱默生说过："自信是成功的第一秘诀。"英裔美国作家托马斯·潘恩则说："自卑是美好生活的天敌，它会使一个美丽的人变得无比憔悴，它会使本该幸福的人变得焦躁不安。我们只有消除自卑，战胜自我，才能让自己的生活更美好。"诚如作家们所言，自卑确实是成功人生的"克星"。

没错，真正的爱自己、欣赏自己实际上是一个人内心成熟的重要标志。这并不是要我们以自我为中心，或者自恋，而是让我们尊重自己、接纳自己，并以同样的态度来面对他人。

一位在富士康工作多年的员工曾在一篇文章中提到过他的一位同事。文章内容是这样的：

"美国签证已通过，8月底出发去美国。"这条微信一发出，许多之前的同事马上在微信群里发来惊讶、羡慕和称赞的信息。在今天，出国学习不是一件难事，但是出现在她的身上，确实惊呆了许多人。

她不是别人，是我部门以前的一个行政助理员。中专毕业后，以作业员身份进到富士康流水线工作。几十万员工的龙华园区里，一个处于公司最底层的中专生，一个举目无亲的17岁小女孩子如何寻求工作突破，如何能在茫茫人海中找到目标和自信？认真做好手头工作和下班后学习是她刚进入公司最重要的两件事。头脑灵活、手脚勤快的她很快受到线长的喜爱和重用。几个月后，她的线长调到工程部做工程师，发现部门里正好缺一个行政助理员，就推荐她来到工程部门，从此脱离了重复枯燥的流水线工作。对于一个生产线作业员来说，这是一次难得和重要的岗位变动。虽然有些运气，但是机会永远垂青有准备的员工、积极向上的员工、有目标的员工。如果她没有在业余时间学习 Office（办公）软件，如果她不积极工作整天抱怨，即使机会再多也不会眷顾她。

接下来两年时间，她一边工作一边完成了西北工业大学工业工程专业中专升大专学历教育。2008 年 6 月她又配合公司政策从深圳搬迁山东烟台工作。来烟台工作 1 年半积攒了 2 万元后，在 2010 年 3 月她辞职去北京新天地语言培训学校学习。

2012 年 7 月到 2015 年 7 月这三年的时间，她完成了北京外国语大学英语教育专业大专升本科学历教育。2015 年 8 月以赴美互惠生身份去美国学习一年（赴美互惠生是一个临时的家庭成员（美国法律规定）。它的主要精神是在创造一个有利的环境，让彼此国家的年轻人，都能在负担很少的情形下，有机会到彼此的国家去体会不同的文化，学习不同的语言，通过深入的接触，来直接增进彼此人民间的了解，建立长久的友谊。互惠生拿的是文化交流签证，而不是工作签证，是以家庭成员身份在美国家庭免费居住一年，对于提高英语亲身领略美国文化是最经济和最有效的途径）。

2006 年进入富士康上班时，她是一个认识英语单词不超过 1000 个的中专生，今天她已经是一名马上要去美国继续学习的北京外国语大学优秀毕业生。我相信她的未来有无限可能。她今天取得的成就有许多原因，但是骨子里带有的乐观、自信绝对是一个重要原因。

2014 年国庆节我在北京中科院学习期间和她一起吃了一次饭，聊天时当我提到课堂上一些根本不了解富士康的老师总喜欢拿富士康做反面案例让我不爽时，她的第一回答就是："我们管不了别人评价，但作为富士康人，我们要乐观，要自信。"这是我从富士康员工中听过的最强声音。在这个处处都是抱怨的社会里，很少能从富士康辞职的员工中听到这样振奋人心的声音。今天走在富士康园区的角角落落，太多的抱怨声充斥在空气和人们的耳朵里。许多员工的抱怨是无辜的，是被别人传染的，时间久了就变成习惯，铭刻进潜意识里了。作为十多年的老员工我真心地想呼吁："富士康人，我们要乐观，要自信。"

综观周围，那些优秀的员工身上都有一个共同的特质：乐观自信，积极向上，爱学习，有梦想。同样作为职场人士，我们应该向他们学习，学习他们的精神，学习他们的自信，学习他们的努力。

北京大学一位教授在送出新一届毕业班的时候，对大家说了这样一句话："未来的路上，不会只有成功，失败也会不期而至。但我希望你们记住，没有谁能有权利教你永远做失败者，也没有什么命运会这样规定，你一定要相信自己……"

零缺陷工作法则：关注每一个工作细节

"成大事者不拘小节"，这是很多年轻人最崇尚的信条。他们坚信，自己将来是做"大事"的人，所以不必拘泥于小节。

于是，他们在很多方面都表现得随随便便：他们经常把在家里养成的那些不良习惯带到公司来，毫不顾忌；当别人对他们的行为加以纠正或指责时，他们也不以为意，总是敷衍了事；他们因为对自己的不计较，常常也对别人的事不计较，以致乱用别人的东西；他们还有时会依仗着自己职位高、资历深，不把寻常的规矩放在眼里……

这是他们没有实实在在感受到“小节”的重要。现在有句流行语叫“魔鬼就隐藏在细节中”，如果你不小心、不注意，就可能把细节中的魔鬼释放出来，从而毁了一切。比如，1967 年，苏联“联盟 1 号”宇宙飞船的坠毁和宇航员的牺牲就是因为地面在起飞前的检查中忽略了一个小数点。

美国质量管理专家菲利普·克劳士比曾说：“一个由数以百万计的个人行为所构成的公司，经不起其中 1% 甚至是 0.1% 的行为偏离正轨。”越伟大的事业越经不起细节的疏忽。细节中真的藏着一个魔鬼，只有严肃、认真地对待，才能不让它爆发。

工作无小事，成大事者必须关注细节，认真对待细节。对认真、负责的人来说，细节中不仅隐藏着魔鬼，还隐藏着天使。当你在工作中把细节表现得更完美时，天使就会跳出来嘉奖你。

某幼儿园招聘幼儿教师，在考察了几名应聘者的各方面水平后，幼儿园要求他们分别准备试讲。几位应试者都做了精心的准备。在大班授课的 30 分钟里，每个应聘者都表现得很耐心、亲和。无论是教孩子跳舞、教孩子唱歌，还是带孩子做游戏，她们的脸上始终挂着温柔的笑容，还不停地赞美孩子。

其中一位应试者选择教孩子做手工，选择的是折纸，可能有点难，孩子们没有几个真正折出来的。而且其中一个孩子还大喊：“老师，你浪费纸。”紧跟着其他孩子都大喊起来。应试者蹲在孩子身边，很诚恳地说：“对不起，老师知道了。下次我们用写过字、画过画的纸折纸，谢谢你。”孩子们这才点点头放过她。这节课差点就这么砸掉。回到家后，她对自己几乎不抱什么希望了，可是却出乎意料地接到了录用通知。

工作一段时间后，她找了一个合适的机会问校长为什么会选中自己。校长说：“说实话，那堂试讲课你的表现确实不尽如人意，但是你对紧急情况的处理很妥当，及时控制了场面，而且没有批评、伤害任何孩子。最重要的是，我注意到，你在与孩子互动时，都是蹲下和他们讲话。这对孩子很重要。当孩子面对一个高大者时，不管是与他交流还是注视他的表情，都要仰视，这样的结果不但会造成颈部酸累，还会造成心理上的压抑感。而只有眼睛和他们平视了，孩子才会感到踏实、快乐和受到了足够的尊重。因此，你是唯一的入选者。”

成功的途径有很多，但真正起重要作用的却是一些小小不言的细节，它们如同一砖一瓦，在奠定辉煌中起着决定性作用。

中国台湾首富王永庆16岁时，来到嘉义开了一家米店。那时，小小的嘉义已有近30家米店，竞争非常激烈。当时仅有200元资金的王永庆，只能在一条偏僻的巷子里承租一个很小的铺面。他的米店开办最晚，规模最小，更谈不上什么知名度了，几乎没有任何优势。

这天下午，一位步履蹒跚的老阿婆来到了店里要称十斤米，王永庆赶快从米缸中称了十斤米装到了老阿婆的米袋子里，说：“阿婆，这是十斤米，您拿好了。”

阿婆接过米袋子后，叹口气说：“唉，这米真难淘啊，里面的小石子好多哩！每次淘米我都要淘五六遍还淘不净呢！淘米虽然很简单。连小孩子都会做的，可却是个磨人的活，平时洗米做饭的主妇最不喜欢做的就是淘米了。”

王永庆听她这么一说，一个灵光闪过，脑子里突然多了个念头，他说：“阿婆，您要不急着回去，就坐在这里，我帮你先把沙挑拣一下吧！”

“哎呀，老板，那多不好，还是不麻烦您了！”阿婆赶紧推辞，“这么多米店，哪听说过老板给挑沙的啊！”

“没事的，我干活快，你就坐在那里等着好了。”说完，王永庆把两个弟弟也叫来，三个人一齐动手，一点一点地将夹杂在米里的秕糠、砂石之类的杂物拣了出来，又重新称了一下，才给老人家：“阿婆，这回您回去淘米就省事多了，只需要洗一洗就可以了！”

“好啊，好啊！老板，你们真是太好了，以后我就到你家来买米了！”老阿婆看着袋子里洁白干净的米笑得合不拢嘴了。

“阿婆，天色不早了，我帮您把米送回去吧，您老背着也怪重的！”王永庆说着就把米袋子扛到了自己的肩上。

“哎哟，那怎么好啊，老板，这怎么行啊……”老阿婆想今天怎么遇到这么好的人呢！

“没事的，这点米对我来说，不算什么！”王永庆背起米袋子大步走出了门。

到了阿婆家，王永庆说：“阿婆，您家米缸在哪？我给你装到米缸里。”

“真是好孩子啊，谢谢你了啊！”阿婆又是一连串地感谢，把王永庆带到了米缸前。

王永庆刚要把袋子里的米倒进去，突然看到缸底残留的米还有不少，于是，他没有倒米，而是把缸里的米倒在另一个袋子里，然后再把新米倒进缸里，最后把缸底倒出来的陈米铺在了新米的上面。

“阿婆，这个米不能压在缸底下，不然时间久了会坏的，您先把这些米吃了，下面的新米肯定没问题！”王永庆一切都做完了之后，嘱咐老人家说。

“对对，哎哟，这年轻人想得真周到！”老阿婆感动得都不知道该说什么好了。对老年人来说，你帮她省钱比帮她省力更让她觉得贴心。

“阿婆，您家几口人啊？大约多久买一次米？以后如果您老不方便，您告诉我什么时候，需要多少米，到日子我就给您送来吧！”

“哎，真是太好了，老板，我以后哪儿也不去，就在你们家买米！”老阿婆用最郑重的承诺表达了对王永庆的满意和感动。

从此以后，王永庆把挑米、送米、盛出淘缸里的陈米、为顾客按时送米这一套“程序”用在了所有顾客身上，尤其对老年顾客更是体贴周到。

王永庆这一精细的服务令顾客深受感动，也赢得了很多的顾客，使嘉义人都知道在米市马路尽头的巷子里，有一家米店卖没有沙子的米，并送货上门。就这样，王永庆的生意日渐红火起来，他后来问鼎中国台湾首富的事业也从这里开始了。

送货上门、做好细节工作正是现代企业所追求的，并不算什么新鲜事。但这样的两件事出现在20世纪30年代，绝对可称得上是个伟大的创举。王永庆通过重视并完善细节，把简单的小事变成竞争的优势，使顾客成了自己的忠实客户，同时也为自己事业的进一步发展壮大奠定了基础。

很多人认为自己的能力很强，可就是遇不到慧眼识珠的伯乐，等不到一展才华的机会，于是便埋怨上天，埋怨别人。其实，伯乐有很多，他们就在等待那匹“千里马”发光；机会也到处都是，它们就藏在我们的工作中，藏在不起眼的细节中，藏在认真、负责的态度中。

在现在这个社会，“不拘小节”的人越来越不受企业的欢迎，更无法获得成就大事的机会。只有那些对自己负责、做事情一丝不苟、要求自己工作零缺陷的人，才会受到命运的嘉奖。忽略细节的人，总会和完美、卓越擦肩而过，而重视细节的人，则会成就于细节。

因此，我们要认识到，工作中无小事，我们在心态上要“小题大做”，要“高射炮打蚊子”，发挥最大的能力，尽到最大的责任，把小事做好。很多时候我们离成功只有一步之遥，却功亏一篑，并不是因为“十恶不赦”的大错误引起的，而恰恰是一个个不足挂齿的小错误积累而成的。工作中任何一件小事出了差错，都事关大局，影响最终结果的走向。如果不能对小事认真负责，等到失败的苦果来临，就只能扼腕叹息，回天乏力了。

细微之处最能体现出一个人的责任心，一个不注重细节、不把小事做好的员工就不算是一个具有责任感的员工。这样的员工，也无法成为一名被老板尊重并重用的精英员工。所以，在日常工作中，要学会聚焦责任，把小事做好，成长为一名公司和老板都离不开的员工。

值得经历的困难坚持下去，这就是你的资本

我们生活在这个世界上，会遇到许许多多磨难。有人在这些磨难面前倒下了，也有人轻易舍弃了自己的生命。在惋惜之后，我们又能做些什么呢？

生命脆弱得就像清晨的露珠，美丽却极易消逝，是如此的不堪一击。因此，我们要十分珍惜生命，哪怕是经历困难和挫折。因为只有这样，我们才能让生命迸发出耀眼的光彩，才能活出生命最具价值的资本。

在十多年前的1998年7月21日的纽约友好运动会上，一位中国体操运动员成了全世界最受关注的人。她正是在跳马练习中不慎受伤的17岁中国体操队队员桑兰。

这个笑容甜美的姑娘来自浙江宁波，1993年进入国家队，个性温顺，但在遭受颈椎骨折，胸部以下高位截瘫如此重大变故后却表现出难得的坚毅。就连桑兰的主治医生都说："桑兰表现得非常勇敢，她从没有抱怨过什么，我能找到的一个可以形容她的词就是'勇气'。"

桑兰曾经坚定地表示，即使永远无法站起来，自己绝不后悔练体操，她说："我对自己有信心，我永远不会放弃希望。"正是因为她的坚强、乐观，美国院方称她为"伟大的中国人民光辉形象"，当时有很多美国普通人去看望她，并不只是因为她受伤了，而是为她的精神而感到震撼。

桑兰用坚毅和顽强震撼了人们的心，也成了青年们学习的榜样。

很多时候，在我们的人生道路上，面对挫折和困境的时候，我们要想重拾生活的美好，就必须咬牙坚持下去。当熬过最漫长最艰难的时刻，曙光就会惊现于我们的眼前。

诚然，命运中那些不可捉摸的变数，若能够给我们带来欢乐自然是好的，我们也乐于接受。可事实却常常与我们的心愿相悖，很多时候它带给

我们的是不幸，是灾难。这个时候，如果我们不能学会接受，而是让这种不幸和灾难主宰我们的心灵，那么我们的生活就会失去光彩，变得一片灰暗。

其实，那些坎坷和挫折并不一定全是坏事，我们也不必小瞧自己的抵抗力。只要我们能尽快从生命的不如意中走出来，才能以最好的心态面对磨难，进而战胜磨难。这样的结局不才是我们最期待的吗？

美国一所大学曾进行过一个有趣的实验，实验内容是将一个铁圈箍住一个小小的南瓜，其目的是看一看南瓜逐渐长大时，会对铁圈产生多大的压力。一开始，实验者预估的数值是500磅（226.79619千克），而最终的结果远远超乎他们的预料。

第一个月的时候，南瓜就承受了500磅（226.79619千克）的压力；实验进行到第二个月的时候，南瓜承受了1500磅（680.38856千克）的压力；接下来的一段时间，南瓜承受压力的数值高达2000磅（907.18474千克）。这个时候，为了避免南瓜将铁圈撑开，实验者不得不对铁圈进行加固。接下来的现象更加出乎人们的意料，因为到实验结束的时候，整个南瓜所承受的压力居然超过了5000磅（2267.96185千克），这时候南瓜才出现了瓜皮破裂的现象。

之后，实验人员将南瓜打开，发现它根本不能食用，因为瓜瓤中间充满了坚韧牢固的一层又一层的纤维，显然它们在试图突破包围自己的铁圈。另一个现象发生在根部。实验者发现，南瓜藤蔓的根部延展得很远，所有的根朝着不同方向伸展，看得出这是为了吸收充足的养分，南瓜所进行的“战斗”。

一个在我们看来普普通通的南瓜，居然能够承受如此巨大的压力，那么人类在类似环境里又有多大的承受能力呢？

或许很多情况下，相对于南瓜而言，我们中的很多人都要甘拜下风。因为我们没有南瓜那样坚强的承受力，在磨难面前，我们缺乏战胜它的勇气和毅力，意志自然也就薄弱了。

这样的状态显然是不理想的，是我们最不想要的。那么，要想让自己成为一个抵抗力超强的“南瓜”，我们就要在生命中无数绝望的时刻坚守生命的张力，坚持，坚持，再坚持。当我们咬紧牙关一往无前，那么任何阻碍都会被我们踩于脚下，甚至死神都会为我们让路。

面对挫折和困境的时候，我们要秉持一种积极的态度，虽然它使我们痛苦，但同时对我们来说又是一种考验和挑战，激励我们成长、成熟。只要我们秉持健康、积极地应对挫折的态度，那么我们就不会轻而易举地被挫折击倒，而是想办法把挫折克服掉、驱赶走，这样，我们就会走过泥泞的道路，走过人生的风雨，摘得成功的果实。

失败不可怕，可怕的是气馁与懈怠

成功人人向往，可是失败却往往不请自来。甚至失败在我们的生命诞生之初就和我们形影相随了：两个月大的婴儿想翻身却翻不过来；1 岁左右的幼儿想好好走路却总是摔跤；上了学的孩子想考出好成绩却总是不理想；工作后想出人头地却总是障碍重重……可以说，失败就像个藏在某个阴暗角落的影子，会时常出来搅扰我们一番。

面对失败，有的人会觉得内心充满了痛苦，觉得前途好像变得越来越惨淡，越来越黑暗。

可是实际上，对大多数人而言，一生中都不可能永远是成功与辉煌的，生命历程中的阻碍与困窘是经常要遇到的，这也就注定了我们要时常和失败“打个照面”。

尽管如此，但我们如果能够在失败面前抱着不甘心、不屈服、不气馁的态度的话，那么依然会走出阴霾，取得胜利。

对于作家柏杨，很多读者朋友大概都有所耳闻。20 世纪 70 年代，由于“美丽岛事件”他被捕入狱，在监牢里蹲了 5 年才得以释放。

经过这几年的牢狱生涯，柏杨从这段痛苦的经历中改变了很多。

以前的他，激进、尖锐，之后的他变得温和、谦逊。

刚入狱时，柏杨的痛苦可想而知，他怨恨过、绝望过。这种状况持续了大约一年，他觉得如此持续下去，对自己是没有一点好处的。于是，他尝试着淡定地去面对一切。

从那时开始，柏杨开始阅读大量的书籍，他知道自己或许会从文字中获得宝贵的精神财富。

果然如此，在反复阅读《资治通鉴》的过程中，柏杨认识到，我们的人生和历史一样，都是一条长河，而自己只不过是这条长河中异常渺小的一滴水珠而已。与此同时，柏杨还感受到，人生的本质就是苦多而乐少，没有人会永远不经历失败和挫折，不经历爱恨情仇的折磨。但只要心里还有力量，还爱着自己的生命，即便再大的困难、再多的失败，最后都会消弭，取而代之的是一种自我救赎的力量，这力量推动着自己不断向前。

古往今来，很多豪杰志士、俊才贤良原本功业显赫一时，然而偶尔的失败与挫折就令他们从此一蹶不振，失去了东山再起的勇气。从这一角度看，柏杨先生的心态确实值得我们学习与借鉴。面对失败，我们一定要强化自己的意志，不气馁，勇于面对失败。

俗话说“人生不如意事十之八九”。一帆风顺的人生总是我们可望而不可即的，顺境与辉煌是人生的一个短暂的美丽经历，更多的时候我们是在挫折与失败中磨炼自己的意志。在这个过程中，我们只有做到以淡定的心态去面对，以理智的行动去做事，才能化被动为主动，才能从人生的低谷中走出来。下面，我们来看一下著名记者小范的故事。

小范在跻身于京城IT界的名记者之前，只是一个高考落榜的农村女孩。

5年前，她以几分之差与象牙塔失之交臂，又因为家庭条件的限制，她没有复读。但是，回家后的小范并没有真正放弃学业，她不甘消沉，勤奋苦学。面对渺茫未知的将来和异常艰难的专业知识，她既不畏惧，也不说苦。当母亲问她如果失败了怎么办时，她微笑着回答："我不会失败的，只要我学到了这些知识，就算成功了。即使将来没有办法做这方面的工作，没有人认可我，那也无所谓。得之我幸，失之我命。"

也许，上帝真的是公平的，两年前将小范拒之大学门外，而三年后又将小范从农村拉回到了城市。事情的起因还源于小范曾经在当地一份报纸上的投稿，这家报社的领导发现小范是个很有潜力的人才，只是她所擅长的IT领域并不是他们报纸的主导方向。于是，这位领导在一次进京学习的时候，向他的一位在IT媒体打拼多年的同学推荐了小范。就这样，小范终于被破格录用，成了一份专业IT媒体的记者。

几年下来，由于刻苦的努力，小范已经成了一位颇有名气的记者，更成为了一个魅力十足的女人——她的魅力来自乐观向上的精神内涵，更来自顺其自然的人生态度。

可以说，小范取得最后的成功，其根本原因还是她在遭遇失败与挫折时，能够坦然地面对一切，以理性的思维来分析问题并付诸实践。试想，如果她在残酷的现实面前，只一味地怨天尤人，甚至于一蹶不振，那么恐怕她后来也就不会拥有京城名记的成就了。

看过了柏杨与小范的故事，再对照我们自己，我们是不是也该像他们那样，在遭遇困境的时候，努力发掘自己内心的力量，放下伤痛，丢掉沮丧情绪，重拾昔日的信心与勇气，让自己重新踏上人生的赛道？

现在，社会竞争越来越激烈，而我们所要遭受的挫折和困难自然也会越来越多。面对不如意，如果我们因为一时受挫而放大痛苦，放弃自己的理想，那么必将遗憾终身，而且还会让自己深深陷入更加绝望的情绪里。既然如此，我们何不学着在面对挫折时，把它看作是一阵呼啸而过的冷风，或者一个阻碍我们前行的波浪？当经历过悲痛，承受过挫折，我们才会更快乐地工作和生活，才能更好地勇往直前。

人生一定要美丽一次

人活一世，充其量三万多天。然而，同样是三万多天里，有的人风风光光地度过，有的人则庸庸碌碌地度过。相对于前者来说，当人到暮年，后者回忆起这一生的过往，想必会有不少遗憾吧！

为了人生少留遗憾，为了生命更加饱满，我认为，在这看似漫长、实则短暂的一生里，我们应该像鲜花一样，努力地绽放一次、美丽一次。这样，我们的人生才是别具价值的。我们在回忆起从前的时候，才会不自觉地扬起嘴角上的笑容。

当然，在我们奋勇前进、努力绽放的过程中，难免会遇到挫折和困难。如果我们不小心跌倒了，一定要让自己勇敢地爬起来，去寻觅一种如魔法般的力量，让我们的激情发生“八级地震”，因为只有这样，我们才能在仅有一次的生命里，活出属于自己的美丽，走向那成功之巅。

2015 年“五一”，富士康科技集团深圳园区员工杨飞飞荣获“全国劳动模范”称号。

在前去北京接受表彰前，在富士康工会为杨飞飞举办的欢送会上，他这样吐露着自己的心声：“第一次接受这么高规格的表彰，我很激动，也更加感到责任重大！”

该荣誉每五年进行一次评选，它可是党和政府授予全国劳动者的最高荣誉。

杨飞飞出生于江苏省南通市一个农村家庭。后来，他到南京市机械技工学校模具钳工专业进行了学习，2003 年，刚刚毕业的他带着简单的行李来到了富士康。

初来乍到，杨飞飞做着最基层的工作。但是在普通岗位上的他，却一直潜心钻研技术、致力于创新改善，通过坚持不懈的努力，杨飞飞先后研发出气动快速装夹治具、线割非自动穿线设备、半自动穿线装置等新技术、新设备，获得多项发明专利，并无私地把自己掌握的技术传承给同事和新人，成为享誉富士康的“产线工程师”。

2012 年，杨飞飞当选为富士康集团的“优秀技能之星”，从百万员工中脱颖而出。不仅如此，他还于 2013 年、2014 年先后获得广东省“五一劳动奖章”、全国“五一劳动奖章”。2015 年又被评为“全国劳动模范”。

出身于“草根”阶层的杨飞飞，通过自己的努力取得了令人刮目相看的成就。由此，我们也再一次感受到奋斗、坚持对于工作的意义，对于我们人生的意义。

英国小说家萨克雷说：“只要你勇敢，世界就会让步。如果有时他战胜你，你就要不断地勇敢再勇敢，世界总会向你屈服。”是的，只要你勇敢、努力，就算是在恶劣的环境中也会开出美艳的花，绽放出绚烂的人生。

第八章　心有心主意，风景不转心境转

——向内求，原来你并非不快乐

幸福，原本就在你身边

人生中的最可怜之处在于什么？有人说是没有金钱最可怜，有人说是没有爱情最可怜……其实，人生中最可怜之处在于：我们总是对天边的玫瑰园存在幻想，却忘记了欣赏就在我们身边的花丛。

其实，人生的美好、生活的幸福并不在遥远的天边，它就在我们当下的荏苒时光中，在一点一滴不知不觉溜走的日子里。

有一位乞丐，他在路边坐了 30 多年。

这一天，一位陌生人经过此处。

乞讨者将自己的破毡帽机械地举起来，喃喃地说："给点儿吧。"

陌生人说："真的很抱歉，我没有任何东西可以给你。"

然后问他："那么你坐在这里究竟是为什么呢？"

乞丐说道："我只拥有一个旧箱子，自从我记事以来，我始终在它上面坐着。"

陌生人问："你曾经打开过箱子吗？"

"没有。"乞丐说，"打开又有何用呢？里面是空的。"

陌生人说道："你不妨打开箱子看一看。"

乞丐这才试着将箱子打开了，但是令乞丐意想不到的事情发生了，原来，箱子里全都是金子。

事实上，那个乞丐在发现这些金子之前，就已经发现了自己真正的财富是快乐与宁静。

现实生活中，往往有些人明明已经拥有了不少物质上的财富，却还在抱怨自己没有欢乐、没有成就感、没有安全感，并且四处地寻找着。殊不知，他们已经拥有了很多种幸福。

从前，有一个国王打算送给一位美丽的女人一件珍奇的礼物，于是，他将一口袋珍珠拿出来，让她挑一颗最大最完美的珍珠。

但是，这个国王定下了一些条件：只允许这个女人从中挑选一颗；而一次只能从口袋里拿出一颗，然后立即决定接受或者淘汰这颗珍珠，并不能重新在已淘汰的珍珠中挑选。

就这样，这个女人高兴地从中挑选珍珠，不过一次只能从口袋里拿出一颗。但是，当她看到这么多的珍珠以后，就一直想着要找出一颗更大一点和更完美的珍珠，所以，她便将很多颗珍珠都淘汰掉了。

最后，当她往口袋的底部寻找珍珠的时候，她竟然发现珍珠变得越来越小，而且品质也不好，并且偶尔还会出现鹅卵石，然而，此时的她已经不能回头在曾经放弃了的珍珠里去挑选了。

最终，非常令人遗憾的是，珍珠颗粒变得更小和更没有价值了，自然也有很多的鹅卵石，待这个女人将口袋翻了个底朝天时，她只好空着手带着一脸泪痕离开了。

事实上，在现实生活中，有不少人总是渴望自己快点拥有一栋更大的房子、一份更好的工作、一个更优秀的对象，或者其他什么东西，却总是在不经意间将身边最好的“珍珠”忽略掉了。因为在我们匆忙寻找变得焦头烂额的时候，可能我们要找的“珍珠”并不在远处，却始终在我们的身边，只是我们不曾认识到这些宝贵的“珍珠”而已。

如今节奏飞快的城市生活很容易让我们迷失自我，所以，我们有时候会明显感觉到身边的一切都是那么陌生，甚至会在生活中不知不觉地迷失了幸福的方向。于是乎，我们就开始不断地寻觅，试图满足自己的心愿，找到自己的幸福。

那么究竟什么是幸福呢？幸福又身处哪里呢？其实，和爱情、荣耀一样，幸福没有一个明确的定义，幸福更不是遥不可及。我们能做的，就是把握住每一个快乐的瞬间，把握住每一次成功的机遇。因为幸福就在我们身边，从未走远。

宁静的心灵，为幸福护航

心理学研究显示，各种情绪所蕴含的能量各不相同。大致来说，有大爱、喜悦、幽默感及内心宁静的人心理能量高，同时羞愧、内疚、冷漠及悲伤的人心理能量低，开悟的人心理能量最高。虽然无法用科学证明，但可以归纳出这样的结论：心理能量与幸福指数呈正相关，提高个人心埋能量的同时也会增加个人的幸福。

开悟的人心理能量最高，在世界上大约只有不到1000人。对普通人来说，达到开悟心境或许很难，但我们可以朝着宁静的目标前进，因为成为一个淡泊宁静的人并不需要很额外的物质等条件。

下面的例子也可以说明宁静的重要性。

1988年4月，24岁的哥伦比亚大学哲学系博士霍华德金森对121名自称非常幸福的人进行调查，并完成了题为《人的幸福感取决于什么》的博士论文，得出这个世界上有两种人最幸福：一种是淡泊宁静的平凡人，另一种是功成名就的杰出者。

导师看后很高兴，论文成绩是优，于是霍华德金森被留校任教。

2009年，一个偶然机会，他又翻出了当年的那篇论文，好奇心促使他花费了三个月的时间，对他们又进行了一次问卷调查：

71名淡泊宁静的平凡人中，2人去世，收回69份调查表。但调查结果是：生活虽然发生改变，但仍然觉得非常幸福。

50名功成名就的杰出者中，仅有9人事业一帆风顺，选择非常幸福；23 人选择一般，16 人选择痛苦，2 人选择非常痛苦。

调查结果使霍华德金森陷入深思……

两周后，霍华德金森以《幸福的密码》为题在《华盛顿邮报》上发表一篇论文，论文结尾这样阐述：所有靠物质支撑的幸福感，都不能持久，都会随着物质的离去而离去。只有心灵的淡泊宁静，继而产生的身心愉悦，才是幸福的真正源泉。

据科学研究发现，宁静的心理状态会促使身体常常分泌出比较多的良性激素，这种人心中常有愉悦感，血液充沛，流通顺畅，神经能经常调节到最佳状态，他们机体的抗病能力强，往往是健康长寿型的，长久坚持下去，最终会形成一种强大的能量，且能改善遗传基因，有利于繁衍子孙后代。

通过以上几方面分析，大家可以理解宁静对于幸福的重要作用。那有哪些方法可以改善大家内心的宁静心态？如图 5 所示。

图 5　改善宁静心态的方法

可以说，当今社会人们在享受高度丰富的物质文明的同时，却逐渐地迷失了本性，丧失了自我，心灵被重重雾霾覆盖，再难寻到往昔孩子般的纯净和安宁。渐渐地，人们忘记了生活的本意，也忘记了享受该有的幸福。实际上，幸福从来都不是奢侈品，也不是必须在个人及社会问题都解决之后才能追求到的东西。只要我们怀着感恩的心，珍惜自己拥有的，在不断追寻自己宁静的内心世界过程中，幸福就伴随而来。

转逆境为喜悦，做个积极快乐的人

身处激烈竞争的职场环境，大多数人都时常产生紧张、焦虑、担忧、恐惧等情绪。如果我们长期被这种情绪所笼罩，那么就容易出现心理疾病，进而使我们的身体也跟着遭殃。那样一来，即便我们身居要职，收入不菲，也很难在职场中享受一丝轻松和快乐。

可是要想让我们告别压力，又确实并非一两句话语就能解决的，也不是一两天就能消除的。那么，我们要想告别这些造成压力的不良情绪，首先有必要了解一下，作为上班族的我们存在哪些压力，我们又该如何摆脱这些压力。

具体来说，职场人压力主要有以下几种：知识在更新换代，而自己掌握的技能一旦落后就将有被淘汰的危险，所以必须不断“充电”，才不至于“长江后浪推前浪，前浪死在沙滩上”；领导分派给的任务，必须得在限定时间内保质保量地完成，否则就直接影响绩效考核，进而影响升职加薪；孩子生病了，爱人出差了，自己却还在加班，无限的焦虑涌上心头，压力之大可想而知；部门里“空降”新员工，锋芒尽显，给自己带来多方面的挑战，于是压力心头起……

如上所述，无不是我们要面临的种种压力。面对这些压力，我们永远只能做两件事，要么冲上去，要么退下来。相信很多人在这种情况下都会义无反顾地选择冲上去，可是接下来，迎接我们的将会是接踵而至的压力。如此说来，我们着实有必要懂一点排解压力的方法。

卢思瑶从某知名法学院法律专业毕业后，拿着自己的硕士学位证书，较为顺利地进入了现在这家律师事务所工作。

几年下来，在同事和领导的眼里，卢思瑶都算得上是一位十分优秀的律师，做事慢条斯理，办起案子不温不火，干净利落。近5年来，凡是经卢思瑶之手办过的案子全都以胜诉告终。

尽管取得的成绩是令人钦佩的，也是令卢思瑶自己感到骄傲的，但是所有的成就都不会白来，它们都是卢思瑶努力工作的结果。而在此过程中，卢思瑶经常承受巨大的压力。特别是近两年来，她接手的案子多是大宗业务，案情更加难以把握，再加上纷扰的人际关系、各种琐碎的事务、写不完的各种法律文书……所以，每当接手一个新案子，都让卢思瑶忙得身心疲惫，就连做梦都离不开办案子。

很偶然的一个机会，因为要调查取证，卢思瑶出差去了一个南方的海滨小城。这里空气清新，节奏缓慢，卢思瑶不由得生出一种温暖而踏实的感觉，她一下子喜欢上了这个城市。这让卢思瑶几年来第一次对自己“奢侈”了一下——在做完计划中的工作后，卢思瑶在这里多逗留了3天。几天下来，卢思瑶觉得自己的身心仿佛得到了净化，烦恼消散，整个人开始神清气爽，做起工作来也干劲十足。

正是这一次无心插柳的举动，让卢思瑶喜欢上了旅游。

自从那次之后，卢思瑶每集中办完几个大案子，就要给自己放假，到风景秀丽的地方去旅游，短则六七天，长达一个月。这样坚持了两年，卢思瑶认为自己已经过上了梦想中的生活方式。工作时，她会尽情投入，毫不倦怠；旅游时，她又可以完全抽身而出，忘却烦恼。如此收放自如，让她乐此不疲，觉得自己过的就是神仙日子。

卢思瑶找到排解压力的方法纯属偶然，也可以说是她的幸运。因为还有很多承受压力的职场人，一时间不知道如何缓解自身的压力，只得由着压力把自己压得喘不过气。

我们不妨问问自己，由于工作紧张繁忙，在到达一定的心理承受极限的时候，我们是不是会产生“不想工作，想休息”的想法？如果答案是肯定的，那么不妨给自己的心灵放一次假，让自己冷静地面对生活，从而更加懂得品味生活，然后回归轻松快乐的精神状态。

此外，要想拥有健全的心理状态，我们还应做到这样几点：

首先，掌握一些必要的心理健康知识。维护心理健康，就要学会正确地评价自己，让自己的工作目标更加合理，不要贸然奋进，以卵击石。合理分配工作时间，不要妄图“一口吃成个胖子”，这会把你累趴下。

其次，养成良好的生活习惯，及时有效地调节不良情绪。随时保持乐观的心态，积极地投入工作，为人要张弛有度。

再次，通过饮食，调节生理健康。巨大的精神压力下，部分人选择服用解郁安神类的药物，往往见效不快。中医讲究“药补不如食补”，出现精神不适时，我们完全可以通过食疗来缓解症状。比如，焦躁不安、夜不能寐时，中医提倡多吃豆类食品、水果蔬菜等素食，尽量减少肉类食品，也不能喝太多的咖啡和浓茶，更不能喝酒。

最后，通过肢体放松、培养兴趣爱好来缓解压力。工作之余，可以打打太极拳、练练瑜伽等。除此之外，还可以养花、赏鱼，也可以练习书法、听听音乐等。

说到底，其实人活得就是一种心态。只要心态能调整好，哪怕骑着自行车都能笑出声来；如若心态不好，即便开着宝马也会郁郁寡欢。只有心态好了，才能“不以物喜，不以己悲”，为人达观，处世脱俗，什么压力都能坦然面对。既然如此，那么我们就努力让自己活得率性洒脱一些吧，面临压力学会承受、学会排解、学会放松，那样我们就能获得自己想要的快乐和幸福。

摆脱“舒适圈”，是你超越自我的必需

在一个名为《奇葩说》的网络辩论节目中，一位辩手曾经指出，人要努力打破自己的舒适圈。确实，我们每个人都有一个舒适圈。在这个圈里，你感觉所有的行为都是安全的，都是让你感到轻松的。可是，要想在职场上混出个样子，那么就不能让自己锁在这个舒适圈里，而应该突破它所限定的瓶颈，不断地寻求自我超越。

有人说，人，最大的敌人不是别人，而是自己。乍听起来，或许你会觉得说这句话的人“没脑子”，因为我们向来都是和别人来做比较，和别

人来竞争，自己的竞争对手才是自己的敌人啊，怎么会是自己呢？

对于这句话，我们分两方面来理解一下。一方面，人总喜欢盯着别人，总以为看透了一切，但却总是难以成功。这就是他没有看透自己，不知道自己的能力、实力、优势，从而盲目造成了失败；另一方面，我们可以理解为，世界上的人都是一样，只是看你愿不愿意去做，口头上的愿意到后来却是支持不住。如果你能完全控制住自己，勇于超越自己，那就达到“无敌”的境界了。换言之，如果说职场是战场，那么我们自己就是自己战场中的主角。假如你希望成为职场上的主角，那么就在这一方舞台上不断地尝试自我超越吧！

作家杏林子因为从小身体关节的毛病，经常躺在床上，无法做事。但她坚信，总有一天，她也能像常人一样，做自己爱做的事，她有了向自己挑战的信心，事情便成功了一半。她尝试写作，竟发现从写作中找到了自我，因而重拾向人生挑战的念头。她曾说：“真正的残废是心死，而不是外在的残疾。”她有了好的开始，便想超越自己，创办了伊甸园。她不但向自己挑战，也关心别人。她的做法，能不令我们大叹不如吗？

俗话说得好：“天上下雨地上滑，自己跌倒自己爬。”当困难来到我们面前的时候，我们没必要自怨自艾，也无须别人拉一把才能从泥淖中爬起来。这时候，我们最需要的是一颗挑战的心，自己救自己。

我们常常会听到职场上很多人抱怨不公平。原因是他看到有的人成功了，而自己却还在原点。其实，命运并不是从一开始就注定的，只是每个人对待它的方式不同而导致了不同的结果。成功和失败都揭示了一条亘古不变的法则，就是命运是由自己创造的。

唐先生是一位著名的职业经理人，他一直认为，面对人生，敢于挑战是一种激情，对现代人而言，这是最宝贵的品质。他曾经在自己的博客中这样写道：“人生在这个社会上，人生的价值是什么？一定是人生的意义。你的意义在什么地方？每个人的价值观可能不一样，但是对于我来说希望做不同的事情，挑战不同的事情，当我挑战一些东西，我就想我做一下，就是说你用心地观察这个世界，很多东西听上去仿佛离你很远很远，但是你仔细地看一下，很多东西会离你很近很近。我希望我们的年轻人不断地挑战自我。很多东西暂时不属于我没有关系，但是一旦你挑战了自我，我相信很多东西会离你很近很近。”

“每个人会追求不同的人生，对我来说，人生中最大的智慧是超越自己，我追求人生的灿烂。挑战人生、超越人生是我永恒的目标，我会为此不断地努力，并不断地改变自己。我的人生刚走了一半，我希望今后能更多地影响社会、回馈社会、奉献社会。我觉得自己这点做得还不够，以后我会花很多的时间去做这方面的事情。我自己很渺小，不可能影响整个社会，但只要能有人受我的影响，对我来说就已经很满足了。我相信通过我不断的努力，会让更多的人受到影响。”

的确如唐先生所说，我们要想挑战人生，实现目标，就离不开不断的自我超越。

摆脱“舒适圈”，超越自我，并非只是一句口号，更谈不上一时的情绪激动，它需要我们能够在人生的不断磨砺中学会从容应对，需要我们为了理想而坚持不懈地付出努力。

当然，摆脱“舒适圈”，超越自我不是盲目地“和自己作对”，而是要有明确的方向，否则结果只会是南辕北辙，你走得再快，也只能越渺茫无期。

任何一种突破都不是简单的事，能够摆脱原有的“舒适圈”，超越自我就更是如此。一位哲人曾这么说过，不是别人打倒你，而是你自己把自己打倒了，因为你缺乏超越自我的魄力和智慧。其实，人生中最大的敌人就是自己，一切困难的产生都源自你的心中，当你明白所有的困难和障碍全部是自己制造的时候，你才会真正地去克服它、战胜它。因为，你找到了根源！

2.3亿年前，地球上一派生机盎然，巨大的身躯让恐龙在与其他物种竞争时占尽优势，并成为了地球上的霸主。大约6000万~7000万年前，地球上很多地方被冰川覆盖，很多植物被掩埋。为了生存下去，各种哺乳动物开始竭力改变自己，一代比一代的体形小，以减少对食物的需求，但是，恐龙却不舍得改变自己庞大的身躯，它们依旧像以前一样拼命进食。有限的食物不能再满足它们的需要，一条条的恐龙饿死了，首当其冲的便是最大型的草食性恐龙。随着食物越来越匮乏，恐龙之间也开始自相残杀，这又导致了恐龙数量的进一步减少，最终盛极一时的恐龙灭绝了。

恐龙灭亡的事实告诉了我们一个道理：世界是残酷的，竞争是激烈的，现实是客观存在的。对于这些外在的条件，我们有时真的很难改变。如果固守自己的原则，不能适度地向环境妥协，那么即便自己再强大，也难免被淘汰的厄运、消亡的结局。动物是这样，人是这样，职场亦是这样。

那么，我们该怎么做呢？不妨先来看一个故事——《穿越沙漠的河流》。

河流要一路前行，汇入大海，可是它的愿望似乎无法实现了，因为它遇到了一片沙漠，它每前进一步，都有一部分消失在一望无际的沙粒里。沙粒犹如海绵，吞噬着河流作任何努力的企图。

这时，天空警告道："你这样下去，只会被整个沙漠吞噬掉，或者顶多在沙漠的一角变成沼泽，最终成不了河流。"

"可我一定要穿越沙漠。"河流着急地说。

"只要你愿意舍弃你现在的样子，让太阳把你蒸发成水蒸气，让风捎你越过沙漠落在沙漠的另一端变成雨。雨汇集到一起，就又变成河，这样你就能够飞过沙漠，到达你的目的地了。"天空建议说。

河流犹豫地说："这样做，会失去自我，我就不是那条穿越沙漠的河流了。"

"你还是你，只不过经历了一个变化过程，变换了一下形式；而你本质还是河流啊。”天空说。

河流依了天空的说法，圆了自己要穿越沙漠的愿望。

这个故事说明了什么呢？相信你已经心中有数。处于怎样的环境，通常是我们无法决定又难以改变的。要想不至于被淘汰，长久地生存下去，我们需要不固守、不执着，有舍弃自己、改变自己的智慧和勇气。在这里，舍弃是一种摆脱“舒适圈”的魄力，是一种趋利避害的生存智慧，更是一种成就自己的超脱方式。

持久的幸福从找到内心“真实的自我”开始

一头马和一头驴听说唐僧要去西天取经，驴觉得此行定困难重重，放弃；马却立刻追随而去，经九九八十一难，取回真经。驴问：“兄弟，是不是很辛苦啊？”马说：“其实，在我去西天这段时间，你走的路一点不比我少，而且还被蒙住眼睛，被人抽打。其实，我是怕混日子更累！”

虽然是一个寓言故事，但很深刻告诉人们一个道理：真正的累，来自内心的无知与迷茫。

社会大杂烩里有一句话：活在他人影子里的人生是多么的悲哀啊。今天的人们高度按照外部世界的原则（拜金＋攀比＋效仿＋炫富）来指导自己的生活，是削足适履，以这样的方式成长，无论最后结果如何，每个人内心里那个“真实的自我”或者遍体鳞伤，或者越来越模糊、越来越弱小，距离他的持久的幸福也渐行渐远。

2500 多年前的孔子在总结自己的一生时说“三十而立，四十不惑”，对于“不惑”有一种解释就是知道自己喜欢做什么、该做什么。对孔子而言，“不惑”就是他找到的“真实的自我”。

毕淑敏提到精神有三间小屋：第一间盛着我们的爱与恨，第二间盛放着我们的事业，第三间安放我们的自身。我个人倾向于“第三间精神小屋”类似“真实的自我”。

心理学家荣格曾经说：“你生命的前半辈子或许属于别人，活在别人的认为里，那把后半辈子还给自己，去追随你内在的声音吧。”荣格的“内在的声音”可以理解为“真实的自我”。

简单总结：孔子“不惑”=毕淑敏“第三间精神小屋”=荣格的“内在的声音”=“真实的自我”。

名人内心世界“真实的自我”具体是什么？

神学家霍华德·瑟曼说：“不要追问这个世界需要什么样的人，问你自己是什么事让你充满活力，然后就去做这件事，因为这世界需要的正是活得生机勃勃的人。”

轮椅上的霍金说过：“我一生都想要研究宇宙，希望解开宇宙诞生之时的奥秘。”

特蕾莎修女12岁加入一个天主教的儿童慈善会，当时就预感自己未来的职业是要帮助贫寒人士。

普通人如何寻找自己内心世界具体的“真实的自我”？

> 我有一个邻居，她是一位40岁左右的语文老师。这位邻居自己花7万元买了2000套绘本，在小区一楼以2500元/月的价钱租了一整套房开了“豆豆家书房”，免费为小区孩子开放学习，推行在学校里无法实现的美国绘本教育理念，已经坚持一年多。她的房间里写着一句话：“我们的热情不仅是出于专业，也出于我们对孩子的了解和喜爱，更出于我们对绘本的信仰。”我去了豆豆书房，从她的脸上看到了从她心里流出来的幸福。

一个普通人结合自己的专业找到一个适合自己兴趣爱好并有确切方向和意义的行业，用心投入并坚持下去就找到了自己内心世界具体的“真实的自我”，持久的幸福自然会从心里不断流出。

思考幸福的开始，就是你和“圣人”站在同等高度的时刻。

欧文说：“人类的一切努力的目的在于获得幸福。”

霍尔巴赫在《自然的体系》中说："我们的一切教育、思考和知识，都不过以怎样能获得我们本性所不断努力追求的幸福为对象。"

"幸福"是所有人在显意识或潜意识中追求的终极目标。不论对与错，几乎人人都谈论过自己心中的幸福概念，即使名人名言中关于幸福的定义都很多，几乎五花八门。

2012年获得诺贝尔文学奖的莫言说："幸福是什么都不用想，没有压力。"

鲁迅说："幸福永远存在于人类不安的追求中，而不存在于和谐于稳定之中。"

歌德说："能把自己生命的起点和终点连接起来的人是最幸福的人。"

琼瑶说："内心的平静与安宁！只要有了这个，也就达到幸福的境界了。"

萧伯纳说："人生真正的快乐，在于能对一个事业有所贡献，而自己认识到这是个伟大的事业。"

艾默生说："使时间充实就是幸福。"

苏格拉底说："真正的幸福非外部发生，而由于内部的知识与道德。"

亚里士多德说："幸福属于满足的人们。怪不得专门研究幸福的人发出这样的感叹：这世界上最难解释和定义的词语就是幸福。"

拿破仑独享了世人所渴求的——光荣、权力与财富，然而在圣赫勒拿岛时，他却说："终此一生，我幸福的日子加起来还不到6天啊！"而另一方面，既聋又哑且盲的海伦·凯勒却欣慰地说："人生真的好美啊！"

为什么不同的人对幸福的认识会有如此巨大的差别呢？主要因为有不同经历的人对幸福的主观感受不同，所以就形成了千姿百态的幸福观。

近年来积极心理学的出现彻底改变了过去关于幸福混乱不客观认识的状况。这门学科的两大主要贡献是：

①准确定义出幸福的五个要素（积极情绪、参与、人际关系、意义、成就）。

②确定"幸福＝50%基因＋10%环境＋40%积极情绪"的公式。

特别是经过调查研究及数据统计分析得出的幸福公式明明白白告诉大家，人与人之间的幸福感或幸福指数的高低主要由个人的积极情绪决定，与金钱或其他物质关系不密切。幸福公式也很好地解释了人们的幸福指数并没有随着物质条件改善而提高的现象。

既然“幸福”是所有人的终极目标，既然获得“幸福”并没有要求那么多物质条件，那我们普通人应该如何做更容易找到幸福？只要我们怀着感恩的心，珍惜自己拥有的，献身于一个适合自己的理想，追寻自己存在的意义过程中，幸福就会随之而来。

心动不如行动，想到不如做到

曾经有个年轻气盛的小伙子，想写交响乐，于是，便跑去求教莫扎特。莫扎特对他说：“我看你如此年纪，还是先学习学习怎么写儿歌吧。”小伙子一听，顿时不服气了，他大声质问道：“可是，你10岁的时候，不是就已经开始写交响乐了吗？”

“没错。”莫扎特答道，“我10岁就开始写了。但是，我从没有问过别人该怎么去写。”

一个人若只会想，光会说，而不去做，那么他是永远不可能成功的。

《论语·为政》中孔子曾教育众弟子：“先行其言，而后从之。”意思是，真正的聪明人，不会喋喋不休地把自己所想、所要达到的目标说出来。他们往往是待到事情都已完成了，目的已达到了，才风轻云淡地道出内中乾坤。

一位走出北大校门多年的成功人士在演讲中这样说道：“或许你有一流的口才，也或许你精于演说和辩论之术。但是千万不要滥用这种本事，也千万别为口头上占得上风而沾沾自喜。俗话说‘心动不如行动’，只心动不行动，只会令你失去更多。如果不想变成夸夸其谈的浅薄之辈，不如先干后说吧！”

曾经有两个在偏远寺庙里修行的和尚，一个很穷，一个很富。他们都把能去一次佛教圣地——南海作为人生的理想。可是，当穷和尚把这个想法告诉富和尚的时候，却引来了富和尚的鄙夷。穷和尚知道，他是觉得自己太穷了，根本没有盘缠，怎么去遥远的佛教圣地！但穷和尚却不这样认为，他觉得自己只要一个水瓶、一个饭钵就足够了。

最终，穷和尚真的就这样离开寺庙，向遥远的佛教圣地奔去了。一年之后，穷和尚终于到达了梦想之中的圣地。又过了一年，穷和尚回到了寺庙。他身上仍旧带着一个水瓶、一个饭钵。而由于在佛教圣地学习了许多知识，重新回到寺庙的穷和尚很快成了一位受人尊敬的和尚。而那个富和尚呢，还在为去南海而做着各种准备呢！

虽然是一个故事，但很深刻地告诉人们一个道理：没有行动，再美好的愿望都白搭。同样的愿望，最终穷和尚取得了成功，富和尚原地踏步。究其原因，不正是有行动力和缺乏行动力所造成的区别嘛！

从这两个和尚身上我们能够认识到，要想让自己的梦想照进现实，我们必须把梦想付诸实践，也就是必须得行动。否则，梦想只能是空想、幻想罢了。

我们要清楚，有些时候，去应付和敷衍，只会浪费时间，消磨意志，甚至增加行动上的压力和阻力。做事靠的是手，而不是嘴。所以，与其光说不练，纸上谈兵，不如先干后说。

闭上嘴，做实事，你的努力终会有人看到，你的付出也必然会有收获。俗话说：“会叫的鸟儿不长肉。”那些滔滔不绝之辈，未必具有真才实学，或许只是在用声势来掩盖心虚。所谓“耳听为虚，眼见为实”，成功，往往属于那些一步一步攀登的人。当你高高坐在葡萄架上，津津有味地品尝胜利果实时，底下的人群定会为你欢呼、喝彩。

所以，当我们面对一些难以定夺的决策问题时，就应该先干了再说。古人说得妙：“行胜于言。”明智的人永远不会让自己陷入争执的旋涡之中不可自拔，他们总是会懂得如何把事做在前头。总之，不把功夫做在嘴上的人远比能言善辩之人更有效率，更容易获得成功。

说到底，语言再动听，也是口说无凭，唯有行为和结果才能为你的付出做出证明，为你所说的话画上一个完整的句号。这个世界上没有空中楼阁，成功，就是“目标 + 行动 + 坚持”，一个人有了目标，加上积极的行动，再加上毅力和坚持，就能得偿所愿。

和优秀的人在一起真的很重要

在一次高中同学聚会上，当年以优异的成绩考入名校、如今事业有成的阿宾在面对同学们的请教时说了这样一番话：“不管是学习，还是工作，我个人的经验就是一定要有意识地多结交一些有潜力的或者比自己优秀的朋友。当你周围都是一些优秀的人时，你自身也会不自觉地向他们看齐，从他们身上学习到一些自己所不具备的优点，这就是所谓的‘见贤思齐’。”

这段话和古人告诉我们的那句“近朱者赤，近墨者黑”不谋而合。其中的意思不言自明：接近好人可以使人变好，接近坏人可以使人变坏。

虽然这句话并不是放之四海而皆准，但也有其一定的道理。毕竟，人与人之间是相互联系并且相互影响着的，你身上某些优秀品质可能影响到周围的人，你也可能沾染上他人身上不好的品性和习气。

其实和优秀者结交朋友的好处还不仅这些，多结交一些优秀的人做朋友，还会为我们的生活、工作带来很多便利，在我们遇到困难的时候，这些优秀的朋友会给我们提供有用的建议以及帮助，为我们出谋划策，帮我们渡过难关。

所以说，朋友是必不可少的，有潜力、优秀的朋友更是难能可贵，多与一些有潜力、优秀的人相处，能帮助自己更快地发展。

战场上，硝烟四起、天昏地暗、血肉横飞。虽然这场激烈的战争打得士兵们溃不成军，但一直在前方冲锋陷阵的将军却惊讶地发现，从战争开始到现在，一个小士兵始终都跟在自己左右，英勇顽强地对抗着敌军，面无惧色。

战争结束后，将军吩咐下属把那个小士兵叫到自己跟前，他不无赞赏地对小士兵说："年轻人，你非常勇敢！在整场战争中，你是唯一一个坚定地跟在我左右的人，在与敌人的对抗上，你英勇无比，没有任何却步。你怎么会有这么大的勇气呢？"

小士兵听后毫不犹疑地回答道："报告将军，我的勇气都是从您那儿得来的。"

小士兵的话让将军感到很纳闷，于是将军问道："哦？可是我从来没有鼓励过你啊。"

"是的，您确实从来没有鼓励过我，也从未和我说过话。但我一直记得离家前父亲对我说的话，他告诫我在打仗的时候，要紧紧地跟着将军。这样不仅安全，更重要的是将军的气势能感染到我，有一天我也终会成为将军。"

小士兵父亲的话不无道理，能够当上将军的人，必然是足智多谋、英勇善战的人，经常和将军在一起，不仅相对安全，而且将军身上的特质也会影响到自己。所以，如果有志当将军，就应该多和将军为伍，向将军看齐。

也许我们在某一方面比别人强，但通常来讲，别人身上也会有我们所不具备的东西。所以要想让自己取得更多进步，我们就应该将自己的注意力盯在他人的强项方面。只有这样，我们才能看到自己的肤浅与无知。

任何一个人都有可能是某个领域的专家，我们必须保持足够的谦虚，它会让我们看到自己的短处，从而促使我们不断取得进步。

老子说："水善利万物而不争，处众人之所恶，故几于道。"这句话旨在表明，在这个不可能绝对平等的世界上，水总是居于最低下之处，它的谦卑本色让人叹服。

或许很多人觉得显现出那股指点江山、意气风发的劲头，是一种潇洒的表现。殊不知，那在学生时代或许会突出自己的个性，也被多数人认同，但是在社会这个大舞台上，由于自己的身份和所处的环境等都已经发生改变，如果还像当初在校园时，过于张扬，就会树大招风。而只有谦卑，才是为人处世的至高智慧，也是一种“无为而治”的胜利妙法。

总之，尺有所短，寸有所长。如果我们能够客观地看别人和自己，就会发现别人的优势和自己的不足，就会汲取他人的经验，从而不断地使自己逐步完善。

最高的情商，就是满怀感恩去工作

一位父亲告诫即将踏入社会的儿子：“遇到一位好领导，要忠心为他工作；假如第一份工作就有很好的薪水，那算你的运气好，要努力工作以感恩惜福；万一薪水不理想，就要懂得在工作中磨炼自己的技艺。”

这位父亲无疑是睿智的。年轻人都应将这三句话深深地记在心里，始终秉行这个原则做事。

诚然，或许每一份工作都无法尽善尽美，但还是要感谢工作环境，感谢老板，感谢每一次的工作机会，满怀感恩之心去工作。即使起初位居他人之下，也不要去计较，要积极地将每一次工作任务视为一个新的开始，一段新的体验，一扇通往成功的机会之门。

因为每一份工作都有宝贵的经验和资源，如失败的沮丧、成功的喜悦、老板的严苛、同事间的竞争等，这些都是任何一个工作者走向成功必须体验的感受和必须经历的锻炼。

有知名企业人力资源总监表示，目前一些处在实习期的大学毕业生，还没干活就先谈条件，或者在新岗位上刚取得一点小成绩，就讨价还价，这是不合时宜的。这时，他们应该懂得感谢企业的培养，而不是计较每月是否应多拿几百元钱，应该在自己有业绩的时候，再向企业提出合理的加薪要求，这样在企业里才能有更大的发展。

程序员史蒂文斯在一家软件公司干了八年，正当他干得得心应手时，公司倒闭了。这时，又恰逢他的第三个儿子刚刚降生，他必须马上找到新工作。

有一家软件公司招聘程序员，待遇很不错，史蒂文斯信心十足地去应聘了。凭着过硬的专业知识，他轻松地过了笔试关。两天后就要参加面试，他对此充满了信心。

可是面试时，考官提的问题是关于软件未来发展方向的，他从来没考虑过这方面的问题，他被淘汰了。

不过这家公司对软件产业的理解让他耳目一新。他给公司写了一封感谢信："贵公司花费人力、物力，为我提供笔试、面试的机会，我虽然落败了，但长了很多见识。感谢你们的劳动，谢谢！"这封信经过层层传阅，后来被送到总裁手中。

三个月后，史蒂文斯却意外地收到了该公司的录用通知书。原来，这家公司看到了他知道感恩的品德，在有职位空缺的时候自然就想到了他。这家公司就是美国微软公司。十几年后，史蒂文斯凭着出色的业绩成了微软的副总裁。

在企业中，知道感恩的人更受欢迎。人力资源专家表示，许多知名企业在招聘员工时，看重的不仅仅是他们的专业知识，而是他们处理问题的方式和融入企业的速度，换句话说，就是能否怀着一颗感恩之心去踏实做人、做事。最高情商，就是满怀感恩去工作。

然而，现在有很多员工可以为一个陌路人点滴的帮助而感激不已，却无视朝夕相处的老板的种种恩惠。他们将这一切视为理所当然，视为纯粹的商业交换关系。

石油大王洛克菲勒在给儿子的信中曾这样写道："现在，每当我想起我曾供职的公司，想起我当年的老板休伊特和塔特尔两先生，内心就涌起感激之情，那段工作生涯是我一生奋斗的开端，为我打下了成功的基础，我永远对那三年半的经历感激不已。所以，我从未像有些人那样抱怨老板说：‘我们只不过是奴隶，我们被雇主压在尘土上，他们却在美丽的别墅里享乐，高高在上。他们的保险柜里装满了黄金，他们所拥有的每一块钱都是压榨我们这些诚实的工人得来的。’我不知道这些抱怨的人是否想过，是谁给了他们就业的机会？是谁给了他们建设家庭的可能？是谁让他们得到了发展自己的可能？如果他们已经意识到别人对他的压榨，那为何不一走了之，结束压榨？工作是一种态度，决定了我们快乐与否。”

诚然，雇用与被雇用是一种契约关系，可在这种契约关系的背后，就不能有感恩的成分吗？

正是因为我们有了这次工作机会，才有了生存的物质和实现人生价值的舞台；我们的聪明才智才有了萌芽的乐土；我们的人生阅历才得以丰富；我们的能力和才华才有得以施展的机会和空间。所以，为什么不告诉领导，感谢他给你机会呢？

当然，每个人的成功都离不开自己的努力。可无论你的行为是多么的完美和明智，你都不能不对别人心存感激。

想想自己的每次行动，哪一次没有别人的帮助？正是有了同事的理解和支持，还有平时从他们身上学到的知识，才让你有了成才和晋升的机会。

成功学家安东尼说：“成功的第一步就是先存有一颗感恩之心，时时对自己的现状心存感激，同时也要对别人为你所做的一切怀有敬意和感恩之情。领袖的责任之一便是谢谢。”

一位由普通职员晋升为总经理的人士这样说道：“我刚到这家公司时，只是一名没有任何经验的普通职员，为什么在短短两年内就被晋升为总经理？这是因为，我时常怀着一颗感恩的心去工作，我感谢老板给予我的机会，我感谢同事对我的点滴关怀与帮助。‘滴水之恩，当涌泉相报。’正是这种感恩心，让我更加努力工作，我要尽最大的努力来回报这一切，没想到，生活却给予我更大的回报。”

满怀感恩去工作，并不仅仅有利于公司和老板，感激能带来更多值得感激的事情。这是宇宙中的一条永恒的法则。班尼迪克特说：“受人恩惠不是美德，报恩才是。当人拥有感恩之心的时候，美德就产生了。”不要以为工作是平淡乏味的，当你满怀感恩之心去工作时，你就很容易成为一个品德高尚的人，一个更有亲和力和影响力的人，一个有着独特的个人魅力的人。请相信：感恩将为你开启一扇神奇的力量之门，发掘出你无穷的潜力，迎接你的也将是更多、更好的工作机会和成功的可能。

参考文献

[1] 邱文晓．像老板一样思考［M］．哈尔滨：黑龙江人民出版社，2004.

[2] 凯利麦格尼格尔．自控力：斯坦福大学最受欢迎心理学课程［M］．王岑卉，译．北京：文化发展出版社，2012.

[3] 汤木．将来的你，一定会感谢现在拼命的自己［M］．天津：天津人民出版社，2014.

[4] 安娜·昆德兰．不曾走过，怎会懂得：没走过的，是路；走过的，才是人生［M］．徐力为，译．长春：吉林文史出版社，2013.

[5] 韦秀英．哈佛凌晨四点半：哈佛大学送给青少年的礼物［M］．合肥：安徽人民出版社，2012.

[6] 卢思浩．你要去相信，没有到不了的明天［M］．长沙：湖南文艺出版社，2013.

附录一　职场“迎战困难”能力测试

工作中，每个人都会遇到这样或者那样的困难和麻烦。有的人面对这样的局面，能够泰然自若，有的人则会手足无措，乱了阵脚。想知道自己属于哪一类呢？快来做一下测试吧。

1. 如果你此时是一个擅长拍写真的摄影师，那么你最喜欢拍对方的什么部位呢？

A. 身材→题 3　　B. 五官→题 2

2. 你是否会把每天的心情和经历写到微博上？

A. 会→题 4　　B. 不会→题 3

3. 假如你和男友（女友）计划外出旅游，那么你会选择以下哪个地方呢？

A. 古代遗迹→题 6　　B. 海边→题 5

C. 另一个繁华都市→题 4

4. 对于自己的文笔，你是否有自信？

A. 有→题 5　　B. 没有→题 6

5. 你喜欢烹饪吗？

A. 喜欢→题 7　　B. 不喜欢→题 6

6. 你对重口味、雷人类的故事是否感兴趣？

A. 是→题 7　　B. 否→题 8

7. 如果在你所居住的城市真实上演了《生化危机》，你会怎么办？

A. 拼命逃离这个城市→题 10

B. 绝望，不做任何努力→题 9

C. 躲在家里不出去→题 8

8. 以下几种场景，你觉得哪种比较尴尬？

A. 去参加重要的聚会时迟到→题 10

B. 上台阶时突然跌倒→题 9

9. 以下故事，你最喜欢哪个？

A. 美人鱼→B 型　　B. 超人→题 10

10. 假如此时你正站在湖边，你向湖中扔了一块石头，你觉得接下来会发生什么呢？

A. 溅起很高的浪花→D 型

B. 扑通一声落入水中后就恢复平静了→A 型

C. 泛起阵阵涟漪→C 型

参考答案

A 型：波澜不惊者

当你遇到困难时，你总是能保持积极乐观的心态来静观其变，困难在你看来只不过是人生的一种过程，一种成长的经历。你坚信车到山前必有路，不管什么挫折和困难，总有解决的办法。

B 型：悲观消极者

你是个外表坚强、内心脆弱的人。遭遇困难挫折时，你会保持表面上的镇定，可内心早已焦虑不安，总是往悲观消极方面想。因为要保持表面的坚强，所以你会承受更多的压力。

C 型：深谋远虑者

你是个眼光长远的人，不管遇到什么麻烦和困难，总是做两手准备。不管成败，你都做好了心理准备。所以当困难真的出现时，你就会表现得很淡定，按照之前的计划去把难题一一解决。

D 型：惊慌失措者

你是个只贪图眼前享受，而不知道居安思危的人，心理素质很弱，一旦困难来临，你立马就会傻掉，惊慌失措，不知如何是好。

附录二 职场“情绪智力”测试

早就有科学论证指出，“EQ 是人类最重要的生存能力”。EQ，就是情绪智商，也可以简称为“情商”。职场上，情商的高低也同样决定我们能否顺利地、积极地完成工作，取得成就。

通过以下测试，你就能对自己的 EQ 有所了解。如果你想对自己有一个判断，那就不要施加任何粉饰，赶紧来测测你的“情绪智力”吧！

1. 我有能力克服各种困难。(　　)

A. 是的　　B. 不一定　　C. 不是的

2. 如果我能到一个新的环境，我要把生活安排得（　　）。

A. 和从前相仿　　B. 不一定　　C. 和从前不一样

3. 一生中，我觉得自己能达到我所预想的目标。(　　)

A. 是的　　B. 不一定　　C. 不是的

4. 有些人总是回避或冷淡我。(　　)

A. 不是的　　B. 不一定　　C. 是的

5. 我常常避开不愿打招呼的人。(　　)

A. 从未如此　　B. 偶尔如此　　C. 有时如此

6. 当我集中精力工作时，假使有人在旁边高谈阔论，(　　)。

A. 我仍能专心工作　B. 介于 A、C 之间　C. 我不能专心且感到愤怒

7. 我无论在哪儿都能清楚辨别方向。(　　)

A. 是的　　B. 不一定　　C. 不是的

8. 我热爱自己的专业和工作。(　　)

A. 是的　　B. 不一定　　C. 不是的

9. 气候的变化不会影响我的情绪。(　　)

A. 是的　　B. 介于 A、C 之间　　C. 不是的

10. 我从不因为外界莫名的流言蜚语而生气。(　　)

A. 是的　　B. 介于 A、C 之间　　C. 不是的

11. 我善于控制自己的面部表情。(　　)

A. 是的　　B. 不太确定　　C. 不是的

12. 有人侵扰我时，我（　　）。

A. 不露声色　　B. 介于 A、C 之间　　C. 大声抗议，以泄己愤

13. 在就寝时，我常常（　　）。

A. 极易入睡　　B. 介于 A、C 之间　　C. 不易入睡

14. 在和人争辩或工作出现失误后，我常常感到震颤、精疲力竭，而不能继续安心工作。(　　)

A. 不是的　　B. 介于 A、C 之间　　C. 是的

15. 我常被一些无谓的小事困扰。(　　)

A. 不是的　　B. 介于 A、C 之间　　C. 是的

16. 我宁愿住在僻静的郊区，也不愿住在嘈杂的市区。(　　)

A. 不是的　　B. 不太确定　　C. 是的

17. 除去看见的世界外，我的心中没有另外的世界。(　　)

A. 没有　　B. 记不清　　C. 有

18. 我会想到若干年后有什么使自己极为不安的事。(　　)

A. 从来没有想过　　B. 偶尔想到过　　C. 经常想到

19. 我常常觉得自己的家人对自己不好，但是我又确切地知道他们的确对我好。(　　)

A. 否　　B. 说不清楚　　C. 是

20. 有食物使我吃后呕吐。(　　)

A. 没有　　B. 记不清　　C. 有

21. 我被同事起过绰号、挖苦过。(　　)

A. 从来没有　　B. 偶尔有过　　C. 这是常有的事

22. 每天我一回家就把门关上。（　　）

A. 否　　　B. 不清楚　　　C. 是

23. 我坐在小房间里把门关上，但我仍觉得心里不安。（　　）

A. 否　　　B. 偶尔是　　　C. 是

24. 当一件事需要我做决定时，我常觉得很难。（　　）

A. 否　　　B. 偶尔是　　　C. 是

25. 我常常用抛硬币、翻纸、抽签之类的游戏来预测凶吉。（　　）

A. 否　　　B. 偶尔是　　　C. 是

第 26 ~ 29 题：下面各题，请按实际情况如实回答，仅需回答“是”或“否”即可。

26. 为了工作我早出晚归，早晨起床我常常感到疲惫不堪。（　　）

27. 在某种心境下，我会因为困惑陷入空想，将工作搁置下来。（　　）

28. 我的神经脆弱，稍有刺激就会使我战栗。（　　）

29. 睡梦中，我常常被噩梦惊醒。（　　）

第 30 ~ 33 题：本组测试共 4 题，每题有 5 种答案，请选择与自己最切合的答案。

A. 从不　B. 几乎不　C. 一半时间　D. 大多数时间　E. 总是

30. 工作中我愿意挑战艰巨的任务。（　　）

31. 我常发现别人好的意愿。（　　）

32. 能听取不同的意见，包括对自己的批评。（　　）

33. 我时常勉励自己，对未来充满希望。（　　）

参考答案

计分时请按照记分标准，先算出各部分得分：

第 1 ~ 9 题，每回答一个 A 得 6 分，回答一个 B 得 3 分，回答一个 C 得 0 分。计________分。

第 10 ~ 16 题，每回答一个 A 得 5 分，回答一个 B 得 2 分，回答一个 C

得0分。计________分。

第17～25题，每回答一个A得5分，回答一个B得2分，回答一个C得0分。计________分。

第26～29题，每回答一个“是”得0分，回答一个“否”得5分。计________分。

第30～33题，从A至E分数分别为1分、2分、3分、4分、5分。计________分。

得分在90分以下：你的EQ较低，你对自己的情绪常常不能控制，很容易被情绪左右。你爱发火、发脾气，这实际上是非常危险的。它有可能会摧毁你的事业。要想尽量避免，那么就要尽量保持情绪平和，在快要发火的时候冷静下来，做做深呼吸，把注意力从外界转移到自己身上。这样你会觉察在自己的内在到底发生了什么，有助于你保持头脑冷静，使心情开朗。

90～129分：你的EQ水平一般。在同一件事上，你可能会表现出不同的反应。这和你的意识有关，虽然你比得分在90分以下的人更具有EQ意识，但是这种意识时有时无。因此，你应该多加注意，时常提醒自己，努力让自己学会管理情绪。当你能够做到总是有意识地发觉自身阳光的一面的时候，必将有助于提高你情绪的免疫力。

130～149分：你的EQ较高。这样的EQ不仅有助于你的事业，也有助于你的生活。这样的你，一定能够在事业上崭露头角，在生活中游刃有余。在你的内心，时常充满快乐、平和但又不失进取。你不容易有恐惧、担忧等情绪，做起工作来能够全身心投入，敢于负责。即使突然遭遇一些非常状态的考验，你也能够顺利过关。

150分以上：你的EQ极高。你的智慧是你的事业取得成就的重要条件。情商处于你这样的水平，基本没什么好建议的了。总而言之，你太棒啦！

附录三　职场“能量缺乏”测试

身处任何一种环境，我们的身体、精神、气场都会散发自身的能量。然而，有些时候，在职场中的我们感觉力不从心，甚至对自己感到不满意，可是又不知道自己为什么会这样。到底有没有改善的可能？

不要着急，下面我们就一起来做一个测试，看看你到底缺少哪方面的职场能量。这样，我们就可以对自己有进一步的认识，从而做到“对症下药”了。

如果有一天你有机会看到地狱中的状况，下面几个场景，哪个是你最希望看到的呢？

A. 阎罗王的审判过程

B. 受刑的过程

C. 投胎的过程

D. 地狱的工作人员的休闲生活

E. 上天堂的人做了什么事

参考答案

A：你缺乏自主的能力

在别人看来，你是一个缺少自信心的人，总是让人觉得你逆来顺受。而你呢，又有着较强的自尊心，不喜欢因此而被别人看扁。这样，一方面你不喜欢跟别人有冲突、讨厌比较，另一方面又想赢得别人的尊敬，所以常常会在内心跟别人过不去。其实这样反而更伤害自己，所以你最缺乏的是自主的能力。建议你可以多培养自己的兴趣、想想如何规划自己工作以外的生活，别再把自己关起来哦！

B：你缺乏同理心

你最注重的，应该是自身的感觉了，一旦自己遭受什么困难，你会将其无限放大，就像世界末日就快要降临一样。但是换作是别人遭遇到同样的事，你反而会说得轻描淡写一般，没什么大不了，所以你最缺乏的是同理心。建议你要多关心别人、去感受他们所遭遇的困难，别老是觉得自己好像在吃亏，这样，很多朋友都会渐渐疏远你，使你成为孤家寡人。

C：你缺乏改变的魄力

你是个喜欢固定的人，也往往会给周围的人一种很固定的感觉。也许你会觉得在生活上处处受限，或者是自我压抑的能力很强，能够忍受孤独或是隐藏自己不想被人了解的部分，唯恐哪一天被人知道而无法自处，所以你最缺乏的是改变的勇气。建议你要多注重自己的真实感受，尝试把自己心里想讲的话说出来，好让自己的孤单无助也有个地方可以休息吧！

D：你缺乏稳定的个性

不管是职场还是生活，你都算得上一个脑筋灵活的人，但这种灵活会促使你经常改变。于是，周围的人可能会对你的行为感到不理解。尽管你的才华和头脑让人佩服和欣赏，但由于你相当不稳定，总觉得自己很不踏实，所以，你最缺乏的是稳定的个性。在此，我们建议你要尽量克服自己喜欢跟他人唱反调的习惯，也许有时候你是对的，但要记得这世界上的对错是由大多数的人所决定的，而不是你。

E：你缺乏勤劳的习惯

选这个选项的朋友，说明你具备商人的潜质，做事注重计划，会按照步骤一步一步地前进，这种做事方式也使你更容易成为一个能够用最方便的方法得到最大利益的人。如此看来，你应该是个稳重、值得信赖的人，但是你天性中存在着懒惰的成分，缺乏感性，对于感情不太注重珍惜，所以常会给人一种不真实的感觉。所以说，不管对工作还是对生活，如果你能够适当多付出一些情感的话，让自己勤劳一些，那么你会更受欢迎，也会取得更多进步的。

附录四　职场“阳光心态”测试

下面有25个问题，请根据你的实际情况如实回答。回答从否定到肯定分为5个等级：0表示完全否定；1表示基本否定；2表示说不准；3表示基本肯定；4表示完全肯定。请把每题的得分记下来。

1. 你对自己很有信心吗？（　　）
2. 情绪不好的时候，你能够自我调节吗？（　　）
3. 你有明确的人生目标吗？（　　）
4. 你有业余爱好吗？（　　）
5. 面对生活中的一些问题，你能够积极乐观地考虑吗？（　　）
6. 你经常进行体育锻炼吗？（　　）
7. 当事情没做好时，你也不因此否定自己吗？（　　）
8. 你能以幽默的态度对待生活中的许多事情吗？（　　）
9. 你已不过分关注自己的心理问题或症状，而去做你该做的事？（　　）
10. 你的惧怕心理越来越少，胆量越来越大吗？（　　）
11. 你只关注着自己的进步，而不和别人盲目比较吗？（　　）
12. 你能把学到的理论运用于自己的生活实践吗？（　　）
13. 你是否认为你应该对自己的人生负责，而不因归咎于父母等外界因素？（　　）
14. 你有可以相互交流、相互倾诉、相互帮助的朋友吗？（　　）
15. 当别人提出你不愿意接受的要求时，你是否敢加以拒绝？（　　）
16. 你是否能理解别人和关心别人？（　　）

17. 你是否能安下心来专心做事？（　）
18. 你对生活充满着热情而不是无聊消沉吗？（　）
19. 你已明确了自己的长处和短处加以辩证的看待吗？（　）
20. 你能保持着对外界的关注，而不是盯着自己的心理症状吗？（　）
21. 你对自己出现退步或反复能加以宽容吗？（　）
22. 你能把生活安排得井井有条吗？（　）
23. 你是否已不十分在意别人的看法？（　）
24. 你是否已不拿一些无关的事情来否定和考验自己？（　）
25. 你的情绪基本上处于稳定和良好的状态吗？（　）

参考答案

65 分以下则要引起高度警惕，马上进行调整；65 分为及格；66 ~ 80 分为基本合格；81 ~ 95 分为良好；95 分以上为优等。

附录五　职场“交际力”测试

美国成人教育之父戴尔·卡耐基先生，在大半生的成人教育研究和实践中，总结出了很多人际交往的方法和技巧。他曾经表示：“一个人事业上的成功，只有15%是由于他的专业技术，另外的85%要靠人际关系、处世技巧。”虽说这话有点绝对，但我们不能否认良好的人际关系对于成功的意义。

你一定也很想知道自己的社交能力是高还是低吧，那么就根据下面的测试来看一下吧！

1. 早上醒来，睁开眼睛后，你的感觉通常是（　　）。

A. 充满向往（5分）

B. 想到接下来的一整天就心烦意乱（1分）

C. 挺心满意足的（3分）

2. 听到有人跟你讲某些人（你不一定认识）活得很艰难，你的感觉是（　　）。

A. 活该（1分）

B. 这人没好运（3分）

C. 值得同情（5分）

3. 当听到有人说“完美的生活就是幸福的生活”，你的感觉是(　　)。

A. 完全赞成（5分）

B. 部分同意（3分）

C. 不同意（1分）

4. 你对自己的未来持什么样的态度呢？（　　）

A. 十分憧憬（5 分）

B. 相当忧虑（1 分）

C. 没考虑过这个问题（3 分）

5. 对于目前正在经历的生活，你认为（　　）。

A. 非常丰富充实（5 分）

B. 充满坎坷（3 分）

C. 安稳但缺乏刺激（4 分）

D. 有点儿乏味（2 分）

E. 沉闷至极，令人沮丧（1 分）

6. 一些朋友相约出去吃晚饭，但到最后一刻才电话联系你，原因是他们中间有个人来不了。你会怎么做呢？（　　）

A. 丢开一切，马上前往（5 分）

B. 要求考虑考虑（3 分）

C. 断然推掉，之前怎么没想到我（1 分）

7. 当和朋友们在一起聊天的时候，你会说其他人的闲事吗？（　　）

A. 是的，这使我兴趣盎然（2 分）

B. 如果内容无害，讲讲又何妨（3 分）

C. 我从不喜欢对别人说三道四（5 分）

8. 在异性眼中，你觉得自己是一种什么样的形象呢？（　　）

A. 很有魅力（5 分）

B. 有趣，但不迷人（4 分）

C. 讨厌（2 分）

D. 对异性不感兴趣（1 分）

9. 你觉得自己的少年时代（　　）。

A. 暗淡无光（1 分）

B. 忙碌、充满生机和乐趣（5 分）

C. 平淡如水（3 分）

10. 当你的朋友向你寻求帮助时，你会（　　）。

A. 真心帮助他们（5 分）

B. 并不全力以赴，只是给一些指导和劝告（3 分）

C. 同情地倾听，但不伸出援助之手（2 分）

D. 希望他们另找别人（1 分）

11. 有一天，碰巧在你衣冠不整的时候，你的朋友忽然来到。你会怎么做？（　　）

A. 依然热情接待（5 分）

B. 希望他们对此不要介意，态度友好（4 分）

C. 尽快送客出门（2 分）

D. 对门铃置之不理（1 分）

12. 你的朋友经常来探望你吗？（　　）

A. 是的，常常不请自来（5 分）

B. 如被邀请，有时会来（3 分）

C. 即使邀请也很少会来（1 分）

13. 回首童年时光，那时你有（　　）。

A. 一个特别的朋友（3 分）

B. 一大帮朋友（5 分）

C. 一个幻想中的朋友（1 分）

14. 假日里你喜欢和谁出去？（　　）

A. 和最知心的人（3 分）

B. 一人出去结识新朋友（5 分）

C. 只我一人独行（4 分）

15. 你认为自己是（　　）。

A. 十分健谈的人（5 分）

B. 很好的倾听者（3 分）

C. 一个不善言谈又不爱听人讲的人（1 分）

16. 当朋友陷入困境，他们会来找你吗？（　　）

A. 经常如此（3 分）

B. 从来也不（5 分）

C. 有时会（1 分）

17. 你和朋友一起外出的机会多吗？(　　)

A. 一周内就有几个晚上（5 分）

B. 一个月中有两三次（3 分）

C. 极少（1 分）

18. 你喜欢下列哪些运动？(　　)

A. 跳舞（3 分）

B. 谈话（4 分）

C. 散步（2 分）

D. 聚会（5 分）

E. 读书（1 分）

参考答案

73 分以上：你与朋友相处得非常不错

你是个乐观开朗、随和宽容的人，而且很爱帮助别人，懂得尊重别人。在你看来，交友应该是建立在彼此独立、互利互助的原则上的。正是这样的你，让朋友们和你在一起既轻松又愉快，大家都会喜欢你的。

55 ~ 72 分：与朋友相处得较好

你或许并不是那么外向，所以在朋友们刚和你交往的时候，不会很快到达融洽的程度。但是随着时间推移，大家的了解越来越多，你的品质会赢得大家的信任。所以，你不妨多做一些推进工作，在朋友们面前更好地敞开自己呢！

37 ~ 54 分：交友容易不当

你温和、善良，但缺乏足够的独立和自持，遇到事情容易犹豫不决，很难有自己的主见。所以，你也常常不能够给处于困难中的朋友一些有效的建议和帮助，也就不会让人产生依赖的感觉。所以，请你试着多肯定自己的想法，增强自己的信心，同时敢于表达自己的意见，不要过度依赖朋友，而是让别人产生对你的依赖。

36 分以下：有一定交友障碍

从主观上，你就不爱与人沟通，你会把自己困在一个看似独立、实则孤僻的世界里。很多时候，你不能够从与人交往中感受到愉悦，而常常会觉得是负担。在此，要对这样的你说一句：多个朋友多条路，人生该是多几个知己比较好。所以，不妨试着改变一下自己的心态吧！